CHRIS LUKHAUP UND REINHARD PEKNY • KREBSE IM AQUARIUM

Chris Lukhaup und Reinhard Pekny

Krebse im Aquarium

Haltung und Pflege von Flusskrebsen

Dähne Verlag

Alle Fotos außer den besonders gekennzeichneten sind von Chris Lukhaup
Titelbild: *Procambarus clarkii „orange"*

Bibiliographische Information der Deutschen Bibliothek.
Die Deutsche Bibliothek verzeichnet diese Publikation in der Deutschen Nationalbibliographie;
detaillierte bibliographische Daten sind im Internet über http://dnb.ddb.de abrufbar.

Chris Lukhaup/Reinhard Pekny
Krebse im Aquarium

ISBN-11: 3-935175-31-0
ISBN-13: 3-978-3-935175-31-9

© 2005 Dähne Verlag GmbH, Postfach 250, D-76256 Ettlingen.

Lektorat: Ulrike Wesollek-Rottmann
Layout/Herstellung: Andreas Holz/Werner Trauthwein.
Lithos: HWD M. Vogel, Karlsruhe
Printed in Czech Republic

Vorwort

Als wir in den frühen 1980ern begannen, uns intensiv mit Flusskrebsen zu beschäftigen, waren Informationen selbst über unsere europäischen Arten rar, von exotischen Flusskrebsen gab es kaum deutschsprachige Unterlagen. Was an Hinweisen zu finden war kam aus Fischerei und Aquakultur, aquaristisch waren Flusskrebse zu dieser Zeit so gut wie unbekannt.

Seit dieser Zeit haben wir alle verfügbaren Informationen zusammengetragen, viele Länder der Welt auf der Suche nach Flusskrebsen bereist, Tiere aufgesammelt, bestimmt, untersucht, fotografiert und auch in unseren Becken und Aquarien gehalten und zum Teil nachgezüchtet. Im Laufe der Jahre konnten wir über 200 Flusskrebsarten im Aquarium halten und studieren, wobei uns bei etwa 50 Arten Nachzuchten gelungen sind.

Für dieses Buch haben wir die in der Aquaristik wichtigen und im Handel häufig angebotenen Arten ausgewählt und näher vorgestellt. Auch den heimischen und in Europa bereits eingebürgerten Arten ist breiter Raum gewidmet, denn diese werden oft für den Gartenteich oder das Kaltwasseraquarium angeboten.

Wichtigste Grundlage für eine artgerechte Haltung von Flusskrebsen ist natürlich die Artenkenntnis. Ohne sie kann man die Tiere nicht ordentlich pflegen, denn die Lebensansprüche der Krebse sind so unterschiedlich wie ihre Lebensräume.

Wir möchten den Freunden der Wirbellosen die notwendigen Informationen vermitteln, damit die „Gepanzerten Ritter" im Süßwasseraquarium keine Probleme, sondern lange Freude bereiten.

Chris Lukhaup und Reinhard Pekny
Februar 2005

Vorwort   5

Allgemeines   8
Aquarium   16
Filterung   17
Einrichtung   19
Beleuchtung   20
Bepflanzung   20
Vergesellschaftung   21
  Flusskrebs und Flusskrebs   21
  Flusskrebse und Fische   22
  Flusskrebse und Garnelen   23
  Flusskrebse und Krabben   24
  Flusskrebse und Mollusken   25
  Flusskrebse und Pflanzen   25

Körperbau   26
Grundbauplan   26
Kopfstück   27
Beine   28
Hinterleib oder Pleon   28
Brustpanzer   29
Sinnesorgane   29
Innere Organe   30

Verbreitung und Herkunft   31
Astacidae   33
Cambaridae   34
Parastacidae   37

Vermehrung   40
Paarung der Astacidae   40
Vermehrung der nordameri-
  kanischen Cambaridae   45
Paarung bei Parastacidae der
  Südhalbkugel   46
Die Jungkrebse   49

Wachstum, Häutung, Ernährung   50
Wachstum   50
Häutung   51
Ernährung   53
Fütterung   55
Geeignete Futtermittel   55
Kannibalismus   55

Verhalten   60
Paarungsverhalten   60
Aggressives Verhalten   60
Schlafen Krebse?   60
Regloses Verharren   61
Oberflächenatmung   61
Nach der Häutung   61
Geht ein Krebs rückwärts?   62

Krankheiten   63
Pilzkrankheiten   64
  Krebspest   64
  Brandfleckenkrankheit   66
  Rostfleckenkrankheit   67
  Saprolegniose   68
Durch Einzeller verursachte
Krankheiten   68
  Porzellankrankheit   68
  Psorospermiasis   69
Bakterien   70
  Kiemenfäule   70
  Augen-Nekrosis   71
  Rickettsiosis   71
  Bacteraemia   71
  Bakterielle Darminfektion   71
  Bakterielle Panzererkrankung   71
Viren   72
  WSSV   73
  CqBV   73
  IPNV   73
  AaBV   73
Parasiten und Symbionten   73
  Krebsegel   73
  Temnocephalide   76
  Wimpertierchen (Ciliaten)   76
  Moostierchen (Bryozoa)   77

**Die wichtigsten Vertreter
in der Aquaristik** 78

Flusskrebse aus Europa 80

Astacus astacus - Edelkrebs 80

Astacus leptodactylus,
Europäischer Sumpfkrebs 82

Austropotamobius torrentium,
Stein- oder Bachkrebs 85

Austropotamobius pallipes,
Dohlenkrebs 87

Flusskebse aus Nordamerika

Procambarus clarkii, Roter
Amerikanischer Sumpfkrebs 89

Procambarus alleni,
Blauer Floridakrebs 92

Procambarus cubensis,
Der Kuba-Krebs 94

Procambarus milleri,
Der Miami-Höhlenkrebs oder
Mandarinenkrebs 96

Procambarus sp.,
Marmorkrebs 98

Procambarus spiculifer,
Weißdornkrebs 100

Cambarellus shufeldtii,
Shufelds Zwergkrebs 101

Cambarellus montezumae,
Montezuma-Zwergkrebs 104

Cambarellus patzcuarensis,
Patzcuaro-Zwergkrebs 105

Orconectes limosus,
Der Kamberkrebs 108

Orconectes immunis,
Der Kalliko-Krebs 110

Pacifastacus leniusculus,
Der Signalkrebs 112

Cambarus diogenes,
Der Diogenes-
Maulwurfkrebs 114

Weitere amerikanische
Flusskebse 116

Flusskrebse aus Australien

Cherax destructor,
Der Yabby 120

Cherax quadricarinatus,
Der „Red Claw" oder
Rotscherenkrebs 123

Cherax cainii, Der Marron
oder Kastanienkrebs 125

Cherax preissii, Der Koonac 128

Flusskrebse aus Neuguinea

Cherax albertisii, Der Neu-
guinea-Rotscherenkrebs 130

*Cherax sp. „tiger"/Cherax
sp."zebra"*, Der Tiger- oder
Zebrakrebs 131

Cherax holthuisi,
Der Aprikosenkrebs 134

Cherax sp. „blue moon",
Der Sternkrebs 135

Cherax lorentzi,
Der Lorentz-Flusskrebs 137

Cherax sp. „Hoa Creek",
Der Purpur-Prachtkrebs 138

Cherax sp. „Red Brick",
Der Ziegelrote Papuakrebs 140

Flusskrebse im Gartenteich 142

Allgemeines 142

Besatztiere 144

Besatzzeitpunkt 145

Anforderungen an den Teich 145

Verschiedene Teiche 147

Fertigteiche 148

Folienteiche 148

Naturteiche 148

Schwimmteiche 148

Gestaltung des Teiches 149

Biotope 150

Literaturverzeichnis 152

Glossar 155

Allgemeines

Die deutsche Bezeichnung Flusskrebse lässt viele Menschen glauben, dass diese Tiergruppe nur in Fließgewässern wie Flüssen und Bächen lebt. Von den europäischen Arten glaubt man auch, dass Flusskrebse nur in glasklarem, sauberem Wasser existieren können. Dies rührt daher, dass nach dem Auftreten der Krebspest (s. Kap. Krankheiten), einer verheerenden Seuche, die meisten Gewässer der Niederungen krebsfrei waren und nur mehr in quellnahen Regionen Restbestände verblieben sind. Doch die Flusskrebse haben in der Vergangenheit auch bei uns die unterschiedlichsten Lebensräume besiedelt. Betrachtet man diese Tiergruppe global, stellt man verwundert fest, dass diese Krebstiere ungewöhnliche und extreme Lebensräume erobert haben.

Neben den allgemein bekannten aquatischen Biotopen wie Flüssen und Seen kommen Flusskrebse in Sümpfen und auch in astatischen (austrocknenden) Gewässern vor. Darüber hinaus gibt es auch Arten, die fernab von Oberflächengewässern leben und deren selbst gegrabene Gänge oft metertief von der trockenen Bodenoberfläche bis ins Grundwasser hinab reichen. Ebenso gibt es Flusskebse, die ausschließlich Höhlengewässer besiedeln, manche Arten schon so lange, dass sie unpigmentiert weiß gefärbt sind und ihre Augen zurückgebildet haben. Selbst terrestrische Formen existieren, die an Land leben und nur mehr zum Befeuchten der Kiemen und für das Freisetzen der Jungtiere offene Gewässer oder Pfützen aufsuchen.

Procambarus bouvieri aus Mexiko.

Allen Flusskrebsen ist gemein, dass ihr Lebenszyklus an das Süßwasser gebunden ist, die Embryonalentwicklung bis auf die letzten 1-2 Stadien fast vollständig im Ei abläuft und keine frei schwimmenden Larvenstadien, wie sonst bei vielen anderen Dekapoden üblich, vorkommen. Auch eine phylogenetische Besonderheit verbindet diese Gruppe und trennt sie eindeutig von den Verwandten im Meer. Die Krebslarven sind nach dem Schlupf mit einem Telsonfaden, der von ihrem Schwanzfächer bis in die Eihülle reicht, mit dem Muttertier verbunden. Kein anderer Vertreter der Crustaceen hat etwas Ähnliches entwickelt

Cambarus ludovicianus aus Mississippi.

Habitat von *Austropotamobius torrentium,* Deutschland.

Krebshügel von *Cambarus diogenes* in Illinois/USA.

Procambarus rodriguezi aus einer Höhle in Mexiko.

Macrobrachium hankocki aus Costa Rica.

Oft herrscht für den Laien Unklarheit darüber, ob es sich tatsächlich um einen Flusskrebs und nicht etwa um eine Großarmgarnele handelt. Man kann sogar in Zoohandlungen falsch bezeichnete Tiere finden. Garnelen werden als Flusskrebse angeboten und umgekehrt, versehen mit den tollsten Fantasienamen. Es gibt aber eine eindeutige und einfache Möglichkeit, um die einzelnen Gruppen der dekapoden Crustaceen (zehnfüßige Krebstiere) des Süßwassers für jedermann erkennbar zu unterscheiden:

Alle Dekapoden haben fünf Paar Schreitbeine, mit denen sie sich gehend/laufend fortbewegen können. Anhand der Ausformung dieser Beine kann man die Tiere leicht und unverwechselbar zuordnen (siehe Kapitel Körperbau):

Flusskrebse:
Die ersten drei Schreitbeine haben an ihrem Ende eine Schere ausgebildet. Es ist immer die **erste** Schere als die uns bekannte große Krebsschere entwickelt.

Garnelen:
Die ersten beiden Schreitbeine haben an ihrem Ende eine Schere ausgebildet – es ist meistens die zweite Schere, die kräftig ausgebildet ist, oder aber es sind beide Scheren zu einem Fächer umgebildet.

1 *Astacus astacus*, der Europäische Flusskrebs.

2 Großarmgarnelenpaar, *Macrobrachium hankocki*.

3 Fächergarnele, *Atyopsis moluccensis*.

4 Landkrabbe, *Demanietta sirikit* aus Thailand.

11

Krabben:

Nur das **erste** Schreitbein trägt eine Schere.

Halbkrebse:

Das **erste** und **fünfte** Schreitbein trägt eine Schere, das erste eine große, das fünfte, immer stark verkleinerte Bein, eine kleine Schere.

Flusskrebse besiedeln die unterschiedlichsten Gebiete auf der ganzen Welt, vom nördlichen Polarkreis bis in den Süden Südamerikas und Neuseelands. In den Tropen fehlen sie fast gänzlich (s. Kap. Verbreitung und Herkunft). Aus ihrer weiten Verbreitung über verschiedene Klimazonen und den unterschiedlichsten Lebensweisen geht klar hervor, dass ihre Lebensansprüche sehr speziell sein können und allgemeine Aussagen nur für wenige Arten zutreffend sind. Eine wesentliche Voraussetzung für eine artgerechte Haltung im Aquarium ist daher eine exakte Artbestimmung und ein Grundwissen über die Bedürfnisse der einzelnen Spezies.

Flusskrebse haben in der Aquaristik erst sehr spät Verbreitung gefunden. Auch die heimischen Arten wurden in den Anfängen der Hobbyaquaristik, als es noch kaum Importe aus den Tropen gab, selten gehalten, da sie relativ empfindlich sind und hohe Ansprüche an ihre Pfleger stellen. Außerdem wurden sie, und das nicht immer unberechtigterweise, als problematisch und für die Vergesellschaftung mit Fischen als ungeeignet eingestuft. Eine Feststellung, die auch auf einige derzeit im Handel erhältlichen Flusskrebse ebenfalls zutrifft. Die Gründe hierfür liegen nicht nur in der Biologie der je-

Halbkrebs *Aegla* sp. aus Argentinien.

weiligen Art, sondern ein aggressives Verhalten kann auch durch Haltungsfehler hervorgerufen werden.

Erst mit Importen von exotischen Flusskrebsen, die anfangs durch den Speisekrebshandel zu uns kamen, wurden diese farbenprächtigen Tiere auch für die Aquaristik entdeckt. Der Pionier war hierbei wohl der Rote Amerikanische Sumpfkrebs (*Procambarus clarkii*) aus dem Süden der USA. Wenig später kamen die ersten australischen Cherax-Arten in die Zooläden. Es waren meist fehlfarbene Exemplare, so genannte Bläulinge (blaue Farbmorphen), die in der Speisekrebsproduktion anfielen und für die Aquaristik aussortiert wurden. Ab dem Jahr 2000 wurde das Angebot von Flusskrebsen in der Aquaristik immer vielfältiger, es hat ein regelrechter Boom eingesetzt und viele neue Arten kamen seither auf den Markt. Diese Tiere haben schnell eine begeisterte und interessierte Anhängerschar gefunden. Aber auch die Unklarheiten über Artzugehörigkeit, Lebensansprüche und Haltungsbedingungen dieser Tiere wurden größer, denn oft wer den sie ohne Namen gehandelt oder aber mit Fantasienamen versehen. So ist es schwierig, den Tieren korrekte Lebensbedingungen anzubieten oder die richtige Art für das jeweilige Aquarium auszusuchen.

Flusskrebse sind faszinierende Wasserbewohner und ihre Pflege im Aquarium kann Einblick in ihr Verhalten und ihre interessante Lebensweise geben. Beschäftigt man sich eingehender mit ihnen, kann man leicht von der Begeisterung, die unter den Krebsliebhabern herrscht,

Von oben:
Procambarus clarkii, der Rote Amerikanische Sumpfkrebs.

Cherax destructor destructor aus Australien.

Cambarellus patzcuarensis aus Mexiko.

infiziert werden. Der Kreis von Aquarianern, der sich diesen Tieren widmet wird immer größer, und auch den teilweise hohen Aufwand für die Pflege von großwüchsigen Arten nehmen immer mehr Begeisterte, – aus uns sehr gut verständlichen Gründen – auf sich.

Manche Arten sind für die Pflege im Gesellschaftsaquarium wenig bis gar nicht geeignet, aber auch für diese Tiere können sich mehr und mehr Tierhalter begeistern und richten ihnen Artenaquarien ein, welche auf die Lebensgewohnheiten und -ansprüche der Pfleglinge Rücksicht nehmen, ohne dass dabei andere Aquarienbewohner zu Schaden kommen. Trotz aller Begeisterung sollte man aber nie vergessen, dass von Flusskrebsen aus aller Welt auch eine Gefahr für heimische Arten und ganze Lebensgemeinschaften ausgehen kann. Man sollte sich dadurch nicht die Freude an seinem Hobby verderben lassen, denn als verantwortungsbewusster Aquarianer kann man diesen Gefahren begegnen, indem man folgende Aspekte bei der Pflege von Flusskrebsen beachtet:

Einige der weltweit über 600 Flusskrebsarten sind ohne weiteres in der Lage (und haben dies leider schon unter Beweis gestellt) in europäischen Gewässern zu überleben und reproduzierende Populationen zu bilden, welche massiven Einfluss auf unsere heimischen Gewässer haben können und meist zum Aussterben authochtoner Flusskrebse führen! Aber auch andere aquatische Lebewesen können schweren Schaden durch die Ansiedelung neuer Krebsarten erleiden, wie Beispiele in den USA bereits zeigen.

Larven von
Cherax quadricarinatus.

Des Weiteren sind einige Arten potentielle Überträger einer äußerst gefährlichen Krankheit, die zu Recht Krebspest (*Aphanomyces astaci*) genannt wird. Diese Krankheit bedroht die meisten Flusskrebse der Welt in ihrer Existenz, wenn der Erreger ins Freiland kommt (s. Kapitel Krankheiten).

Man sollte daher auf keinen Fall Flusskrebse aus dem Aquarium (auch keine einheimischen Arten) in heimische Gewässer aussetzen. Es könnte der Ausgangspunkt von verheerenden Seuchenzügen und/oder aber auch der Beginn einer massiven Faunenverfälschung sein.

Auch bei allen Mitbewohnern in Krebsaquarien (Schnecken, Muscheln, Fische) und Pflanzen sollte man Vorsicht walten lassen und diese nicht ins Freiland ausbringen, da über diesen Weg der Erreger der Krebspest (sowie Viren und Bakterien) verbreitet werden kann. Zumindest sollte man eine 1-2 Monate lange Quarantäne (Haltung ohne Flusskrebse) vor einem Ausbringen einhalten.

Beachtet man die oben angeführten Punkte sind Flusskrebse äußerst interessante und faszinierende Pfleglinge im Aquarium. Wenn man ihnen die richtigen Umweltbedingungen bereitstellt, kann man den gesamten Lebenszyklus dieser Tiere miterleben, von der Paarung über den Eiausstoß, den Schlupf der Krebslarven, ihr Selbstständigwerden und auch das Heranwachsen der Jungtiere. Wählt man die Krebsart mit Bedacht und Sachverstand aus und stimmt diese mit anderen Mitbewohnern in einem Aquarium ab, können Flusskrebse sehr wohl auch in einem Gesellschaftsaquarium viel Freude bereiten. Manche Arten aber verlangen nach speziellen Haltungsbedingungen und sind nur schwer oder gar nicht zu vergesellschaften. Auch die Großwüchsigkeit mancher Flusskrebse macht die Haltung dieser Tiere in einem durchschnittlichen Wohnzimmeraquarium nahezu unmöglich.

Cherax sp „orange Tip".

Das Aquarium

Flusskrebse können je nach Art sehr unterschiedliche Körpergrößen erreichen. Es gibt kleinwüchsige Arten wie die Zwergflusskrebse der Gattung *Cambarellus*, die zwischen 2,5 und 5,0 cm Körperlänge erreichen, sowie wahre Riesen, wie etwa der Marron (*Cherax cainii*), der bis zu 40 cm groß werden kann. Daher ist die erforderliche Beckengröße nicht allgemein festzulegen (bei der jeweiligen Artbeschreibung wird darauf näher eingegangen). Zwergflusskrebse kann man schon in Becken ab 20 Liter halten, beim Marron wird man, abhängig von der Aquarienform, kaum unter 400 l auskommen.

Becken mit großer Grundfläche sind bei gleichem Rauminhalt immer von Vorteil, da die Wassertiefe nicht so bedeutend ist. Natürlich erhöht sich mit der Wassertiefe das Volumen und damit auch die thermische und chemische Stabilität eines Aquariums. Ausschlaggebend für die Anzahl der Krebse, die man pflegen kann, ist aber die Grundfläche. Dabei spielt natürlich in Abhängigkeit von Körpergröße und Aggressivität der jeweiligen Art auch die Gestaltung des Beckens mit Strukturen und Verstecken eine wesentliche Rolle.

Auch eine vertikale Strukturierung sollte nicht vergessen werden. Erhöhte Sitzplätze oder Höhlen werden z.B. sehr gerne von frisch gehäuteten Tieren aufgesucht. Flusskrebse nutzen auch gerne senkrechte Wände zum Herumklettern, wenn sie sich daran festhalten können. Diese Tatsache sollte

Krebse im Aquarium.

man auch bei der Abdeckung des Beckens nicht vergessen. Die Tiere sind wahre Ausbruchskünstler und nützen jeden Schlauch und jedes Kabel, um die Umgebung des Beckens zu erkunden, was nur zu oft zum Tod des Pfleglings führt. Selbst etwas überstehendes Silikon in den Ecken des Aquariums kann genügen, um den Flusskrebsen die Flucht zu ermöglichen. Die Abdeckung sollte daher wirklich krebsdicht sein, jede Kabeldurchführung muss mit Schaumstoff oder Gitter zusätzlich verschlossen werden. Bei der Pflege von größeren Arten ist auch daran zu denken, dass Flusskrebse enorme Kräfte entwickeln können und viele

der handelsüblichen Deckel mühelos anheben, um zu entfliehen. Diese muss man zusätzlich beschweren oder mit einem Riegel sichern.

Filterung

Wer einmal einen Flusskrebs bei der Nahrungsaufnahme beobachtet hat, dem wird klar sein, dass eine starke Filterung im Krebsaquarium von Vorteil ist. Beim Zerreiben der Nahrung, gleichgültig ob es sich um eine Futtertablette oder um ein Stück Fischfleisch handelt, steigen Wolken von kleinen Partikeln auf und belasten dadurch das Wasser. Diese Art der Wasserbelastung kann und sollte man auch dadurch reduzieren, dass man Flusskrebse mit kleinwüchsigen Fischen, die identische Ansprüche haben, vergesellschaftet. Die Fische lernen sehr schnell, diese Nahrungsquelle zu nutzen und entsorgen einen Großteil des verschwendeten Futters. Welche Art von Filter man verwendet ist eher zweitrangig. Wenn man Innenfilter einsetzt, sollten die Filterschwämme durch ein Gitter geschützt sein, denn manche Arten fressen weiche Filterschwämme an und zerlegen diese vollständig, weil die darin siedelnden Bakterien

Procambarus alleni bei der Futteraufnahme.

eine willkommene Nahrungsergänzung darstellen. Vor allem bei australischen Cherax-Arten mussten wir diese Erfahrung machen. Andere Krebse weiden die Filterschwämme nur ab und zerstören dabei das Kunststoffmaterial nicht oder kaum. Aus diesem Grund kann von den handelsüblichen Aquarienrückwänden aus Filterschaumstoff in einem Krebsaquarium nur abgeraten werden.

Die Ansprüche an die Wasserqualität sind je nach Art sehr unterschiedlich, auch können Krebse der gleichen Art in sehr hartem und extrem weichem Wasser vorkommen. Hier sind die Toleranzen sehr weit, nur beim Umsetzten in eine neue Umgebung mit unterschiedlichen Parametern kann es dennoch, vor allem bei der ersten Häutung, zu Problemen kommen. Man sollte daher die Tiere beim Umsetzen nicht allzu großen Schwankungen aussetzen und eine Veränderung der Wasserparameter nur über einen längeren Zeitraum durchführen.

 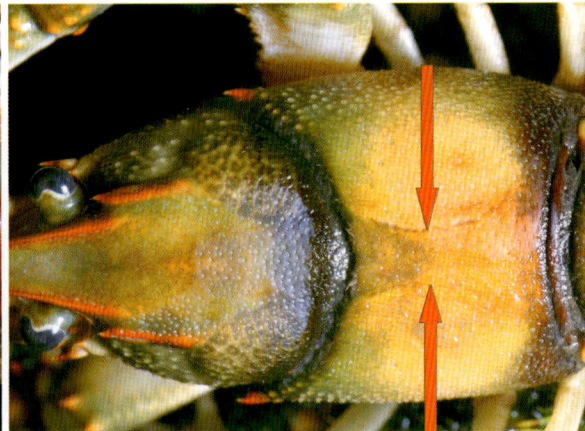

Krebsarten mit einer geschlossenen Areola haben einen niedrigen Sauerstoffbedarf.

Krebsarten mit einer breiten Areola haben einen hohen Sauerstoffbedarf.

Auch beim Sauerstoffbedarf sind große Unterschiede festzustellen, flussbewohnende Arten haben höhere Ansprüche, wohingegen Sumpfbewohner mit geringstem Sauerstoffgehalt auskommen. Alle Flusskrebse können ohne Probleme atmosphärische Luft atmen (solange ihre Kiemen feucht sind) und tun dies auch, wenn es zu Sauerstoffzehrungen oder chemischen Belastungen im Gewässer kommt. Man sollte den Tieren daher ermöglichen, auch im Aquarium das Wasser zu verlassen, allerdings ohne aus dem Becken entkommen zu können.

Einen gewissen Hinweis über die Ansprüche in dieser Beziehung gibt die Ausformung der Areola (s. auch Kapitel Körperbau) an der Oberseite des Carapax wieder. Ist die Areola geschlossen oder sehr eng, handelt es sich um eine Art, die mit wenig Sauerstoff auskommt, ist die Areola breit, ist der Sauerstoffbedarf hoch.

Die große Widerstands- und Anpassungsfähigkeit mancher Flusskrebsarten sollte den Pfleger aber nie dazu verleiten, bei der Wasserpflege nachlässig zu handeln. Trotz bester Filterung ist ein regelmäßiger Wasserwechsel notwendig. Hauptgrund hierfür ist neben den positiven Effekten im chemischen Bereich vor allem die Verringerung der Bakterienzahlen im Becken. Dies kann neben einer aufwendigen UV-Bestrahlung im Filterkreislauf sehr viel einfacher durch Wasserwechsel bewerkstelligt werden. Flusskrebse neigen zu bakteriellen Infekten, wenn der Infektionsdruck im Aquarium hoch ist (s. Kapitel Krankheiten).

Einrichtung

Die Mehrzahl der Flusskrebse braucht für ihr Wohlbefinden eine Wohnhöhle. Manche Arten sitzen aber auch in der submersen Vegetation und graben sich nur dann Gänge in den Boden, wenn das Gewässer austrocknet und sich die Tiere eine Rückzugsmöglichkeit in feuchter Umgebung anlegen müssen. In der Natur graben sich Krebse diese Verstecke selbst. Entweder ist der Bodengrund so fest, dass die Bauten stabil bleiben (lehmiger oder tonhaltiger Boden). Bei weichem Substrat nutzen die Tiere Steine, Holz und Wurzeln, um darunter ihre Höhlen anzulegen. Dadurch wird die Gefahr des Nachrutschens von Material in sandigem oder schlammigem Bodengrund verringert.

In einem Krebsaquarium sollten sich viele Versteckmöglichkeiten befinden.

Da im Aquarium kaum lehmiger Bodengrund Verwendung findet, wird wohl die Simulation der zweiten Variante die häufigere Lösung bei der Pflege von Flusskrebsen sein. Eine Steinplatte auf einer ausreichend hohen Kies(-Sand)-schicht, die von kleineren Steinen gestützt wird ist die einfachste Möglichkeit. Die Krebse können den Kies darunter ausgraben und sich so eine Höhle gestalten. Aber auch unter Wurzeln, Kokosnüssen, Tonrohren oder Blumentöpfen fühlen sich Krebse wohl. In der Gestaltung sind dabei dem Pfleger kaum Grenzen gesetzt. Wichtig ist nur, dass jeder Krebs seine eigene Höhle bauen und beziehen kann. Es ist sogar von Vorteil, wenn die Anzahl der möglichen Ver-

Oft sitzen Krebse auch in den Pflanzen an der Wasseroberfläche.

stecke die Anzahl der Tiere übersteigt, so dass eine Wahl- und Ausweichmöglichkeit besteht. Man kann für Verstecke natürlich auch Kunststoffrohre verwenden, deren Durchmesser der Körpergröße der Krebse angepasst sein sollte. Diese kann man durch Verkleben (mit Silikon) zu regelrechten Krebsburgen gestalten. Wer handwerklich begabt ist, kann aus Ton ideale Verstecke formen, die aber gebrannt werden müssen, um im Wasser zu überdauern. Auch durch die Verwendung dreidimensionaler Rückwände, kann man das Aquarium abwechslungsreicher ausstatten. Hierbei kann man handelsübliche Produkte ebenso verwenden wie selbstgestaltete aus Ton oder Kunstharz.

Sehr dekorativ sind auch Steinschlichtungen, die viele Verstecke und Rückzugsmöglichkeiten bieten. Hierbei ist zu beachten, dass diese Aufbauten sehr sorgfältig und stabil gestaltet werden. Einerseits sind manche Flusskrebse sehr kräftig und man ist erstaunt, wie sie Steine mit einem Vielfachen ihres Körpergewichtes bewegen. Auch durch das Untergraben von großen Steinen können diese ihre Lage verändern und nicht wirklich fest verbundene Konstruktionen zum Einsturz bringen, was schlimme Folgen für das Glasaquarium und die Bewohner haben kann.

Als Versteck für junge Krebse gut geeignet sind Lochziegelsteine.

Beleuchtung

Da viele Krebsarten dämmerungs- und nachtaktive Tiere sind, ist die Beleuchtung auf den ersten Blick von untergeordneter Bedeutung. Allerdings sollte man dieses Thema nicht vollständig vernachlässigen, weil auch Algen und Wasserpflanzen auf dem Speiseplan stehen und es von Vorteil ist, wenn ein Teil dieser Nahrungskomponenten im Becken selbst heranwächst. Es ist nicht notwendig, die Beleuchtung wie in einem Starklichtaquarium zu dimensionieren. Manche Arten lieben zwar dichte Pflanzenbestände, die natürlich ausreichend Licht brauchen. In einem grell beleuchteten Becken fühlen sich Flusskrebse aber nicht sehr wohl und werden weniger Tagesaktivität zeigen. Leuchtstoffröhren, wie sie z.B. bei den im Aquarienhandel angebotenen Sets mitgeliefert werden, reichen hier völlig aus. Bei Arten aus gemäßigten Klimazonen ist die Haltung auf der Fensterbank mit natürlichem Sonnenlicht und leichten Temperaturschwankungen zwischen Tag und Nacht ohne weiteres möglich.

Bepflanzung

Algenkugeln eignen sich gut für das Krebsaquarium.

Auch die Bepflanzung hängt sehr von der gepflegten Krebsart ab. Im Artenteil wird näher darauf eingegangen. Keine Probleme mit Wasserpflanzen verursachen die Zwergflusskrebse (*Cambarellus*) und Höhlenkrebse, wie etwa *Procambarus milleri*. Bei manchen Arten ist eine dauerhafte Bepflanzung, vergleichbar mit der Situation bei Malawisee-Buntbarschen, nicht zu verwirklichen, weil die meisten Pflanzen sofort gefressen werden. Selbst die robusteren, ungenießbaren Arten werden durch das rücksichtslose Herumlaufen und die Grabtätigkeit beschädigt. Gut geeignet haben sich einerseits Schwimmpflanzen, aber auch Wasserpflanzen, die nicht unbedingt im Boden wurzeln müssen wie Hornkraut (*Ceratophyllum demersum*) und auch Wasserpest (*Egeria densa; Elodea canadiensis*).

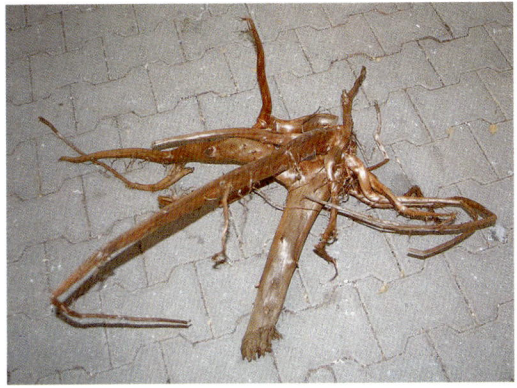

Auch unter Wurzeln fühlen sich Krebse wohl.

Selbst die robusteren ungenießbaren Arten wie *Anubias* sp. werden ausgegraben oder beschädigt.

Vergesellschaftung

Die Vergesellschaftung von Flusskrebsen untereinander sowie mit anderen Aquarienbewohnern muss sorgfältig überdacht und abgewogen werden. Voraussetzung dafür ist natürlich die genaue Artkenntnis, ohne die alles Spekulation bleiben muss. Zusammenstellungen aus ästhetischen Gründen, weil der Krebs so hübsch oder farbig ist, können fatale Folgen für die Tiere selbst, aber auch für das gesamte Aquariumbiotop haben. Wichtige Grundvoraussetzung für ein problemloses Zusammenleben ist auch eine ausgewogene Fütterung der Krebse (s. Kap. Ernährung und Fütterung). Oft wird der Fehler gemacht, dass nach Anschaffung eines Flusskrebses wie gewohnt weitergefüttert wird. Oft kommt dann kaum Futter bis zum Boden, um die Krebse ausreichend zu versorgen. Auf die Dauer sind manche Krebsarten mit Flockenfutter und Futtertabletten auch nicht zufrieden. Sie brauchen eiweißhaltige Nahrung, und bietet man ihnen diese Proteine nicht an, kann es passieren, dass sie sich das benötigte Eiweiß in Form eines Fisches selbst organisieren. Es gibt aber unter den Flusskrebsen keine wirklichen Fischjäger – sie werden es nur dann, wenn sonst keine ausreichende Versorgung mit Proteinen vorliegt. Ebenso ist es mit pflanzlicher Nahrung. Bietet man nie frisches Grün oder Gemüse an, kann es sein, dass sich selbst harmlose Arten an den Wasserpflanzen vergreifen.

Flusskrebs und Flusskrebs

Verschiedene Flusskrebsarten miteinander zu vergesellschaften birgt immer ein großes Risiko. Meist dominiert eine Art über die andere, die letztendlich nicht überlebt. Das gemeinsame Halten von nordamerikanischen Arten mit Tieren aus anderen Teilen der Welt verbietet sich wegen der Krebspest (s. Kap. Krankheiten) von selbst. Man sollte überhaupt mit der Vermischung von Krebstieren aus unterschiedlichen Kontinenten vorsichtig sein, da auch bakterielle und virale Infekte schwerwiegende Folgen haben können. Manche Arten kommen auch in freier Natur gemeinsam in einem Biotop vor – daraus allerdings zu schließen, dass dies auch im Aquarium unter beengten Verhältnissen problemlos möglich ist, wäre vermessen. Wir würden von Experimenten in diese Richtung abraten. Ein Bachbiotop aus Nordamerika

*Cambarus coosae,
Paar im Aquarium.*

nachzubilden, und dort mehreren Krebsarten einen Lebensraum wie in der Natur zu bieten, wird wohl nur wenigen Spezialisten vorbehalten bleiben.

Flusskrebse und Fische

Wer ein funktionierendes Wohnzimmeraquarium durch die Haltung von Flusskrebsen bereichern will, sollte sehr genau auf die ausgewählte Art achten, um keine unliebsamen Überraschungen zu erleben. Bei den Artbeschreibungen wird auf diesen Problemkreis eingegangen, im Allgemeinen ist dazu zu sagen:

Gesunde, lebendige Fische fallen nicht ins normale Beutespektrum von Flusskrebsen. Allerdings ist dies unter beengten Verhältnissen und vor allem bei einer Mangelernährung anders zu beurteilen. Kranke, sterbende oder verendete Fische stehen sehr wohl auf dem Speiseplan der meisten Flusskrebsarten. Die Beseitigung von toten Fischen kann sogar ein positiver und

Fische betrachten den neuen Mitbewohner.

gewünschter Effekt der Flusskrebse zur Reinhaltung eines Biotopes sein.

Kleine Flusskrebsarten, wie Vertreter der Gattung *Cambarellus*, machen naturgemäß am wenigsten Schwierigkeiten. Hierbei ist eher darauf zu achten, dass diese Zwergflusskrebse nicht durch große und dominante Fische zu sehr bedrängt oder gar gefressen werden. Mittelgroße Arten, wie z.B. *Procambarus alleni*, sind bereits mit Vorsicht zu behandeln, größere Arten können sehr wohl Fische erbeuten. Vor allem bodenschlafende Fische sind gefährdet, und dies besonders in der ersten Zeit der Vergesellschaftung, wenn die Fische die von den Krebsen ausgehende Gefahr noch nicht kennen. Man sollte Krebse möglichst früh am Tag in ein Aquarium einsetzten, damit die Fische genug Zeit bis zur Dunkelheit haben, sich auf die neuen Mitbewohner einzustellen.

Interessanterweise ist es unproblematisch, kleine Fischarten wie Guppys oder Neons mit großen Krebsen zu halten. Die Fische lernen sehr schnell, wie sie mit den Mitbewohnern umgehen müssen. Jungfische verstecken sich sogar zwischen den Scheren und Beinen, um der Verfolgung größerer Fische zu entgehen und nutzen dabei auch die verschwenderische Art der Flusskrebse bei der Nahrungsaufnahme, um an feine Futterteilchen zu kommen. Manche Fischarten wie *Ancistrus*-Welse, die bei uns in allen Krebsbecken leben, wurden noch nie Opfer eines Flusskrebses. Sehr bewährt haben sich auch Kleinfischarten wie *Rasbora maculata*, *Barbus gracilis* oder *Puntius gelius*.

Krebs beim Verzehr eines Fisches.

Flusskrebse und Garnelen

Eine Vergesellschaftung von Flusskrebsen und Garnelen ist in bestimmten Fällen möglich. Auch in der Natur sind Flusskrebsbiotope in subtropischen Gebieten meist dicht von Garnelen besiedelt. Dabei sind einige Grundregeln zu beachten: Kleine Flusskrebse mit kleinwüchsigen Garnelen (*Caridina*) sollten eher nicht zusammen gehalten werden – hier verschwinden die Garnelen sehr bald. Auch noch bei gleicher Körpergröße ist eine Vergesellschaftung problematisch. Großwüchsige Krebse kann man mit Zwerggarnelen allerdings

Kleine Garnelen und Zwergkrebse sollte man nicht vergesellschaften.

Großarmgarnelen schädigen kleine und große Krebse.

sehr wohl vergesellschaften. Großwüchsige Fächerhandgarnelen (*Atya* und *Atyopsis*) werden von Flusskrebsen oft beschädigt und so verletzt, dass sie verenden. Man sollte das nicht versuchen.

Großarmgarnelen wie *Macrobrachium rosenbergii* werden für die meisten Flusskrebse gefährlicher sein als umgekehrt. Nur mit großen *Cherax*-Arten wäre es denkbar – allerdings kommen selbst in der Natur kaum sympatrische (gemeinsame) Populationen vor.

Bei *Macrobrachium*-Arten, wie den Ringelhandgarnelen (*Macrobrachium dayanum*) gab es selbst mit größeren Flusskrebsen (drei Mal größere Körperlänge als die Garnelen) Probleme. Die Garnelen belästigen und schädigen die Krebse vor allem nach der Häutung teilweise so stark, dass diese verenden. Man sollte daher von einer gemeinsamen Haltung Abstand nehmen.

Flusskrebse und Krabben

Krabben und Krebse vertragen sich nur selten.

Von der gemeinsamen Haltung von Süßwasserkrabben oder Süßwasser bewohnenden Krabben mit Flusskrebsen kann nur abgeraten werden. In der freien Natur gibt es nur ganz wenige Fälle, wo beide Tiergruppen gemeinsam in einem Süßwasserbiotop vorkommen. Alle uns vorliegenden Berichte und eigenen Versuche haben gezeigt, dass Flusskrebse auch von wesentlich kleineren Krabben bedrängt, verletzt und letztendlich getötet werden. Dies mag auch der Grund sein, warum in tropischen Gebieten keine Flusskrebse vorkommen, da dort die Süßwasserlebensräume von Krabben besiedelt werden (s. Kap. Herkunft und Verbreitung).

Flusskrebse und Mollusken

Mollusken (Schnecken und Muscheln), insbesondere Schnecken, sind ein natürlicher Bestandteil der Kost und werden auch im Aquarium von Krebsen konsumiert. Das regulierende Eingreifen der Flusskrebse in den Schneckenbestand ist sehr oft erwünscht, wenn diese überhand nehmen. Flusskrebse überwältigen aber auch Schnecken, die ein Vielfaches ihres Körpergewichtes haben. Auch große Apfelschnecken werden verletzt oder getötet, da hilft ihnen auch der Deckel nichts. Besonders ihr Atemrohr (Sipho) ist sehr empfindlich und die Tiere sterben, wenn dieses beschädigt wird, ebenso verhält es sich mit Muscheln. Selbst große Teichmuscheln (mit vielfachem Körpergewicht des Krebses) werden von manchen Flusskrebsen wie *Procambarus clarkii* geknackt, indem sie eine große Schere als Keil in die offenen Schalen der Muschel stecken und sich festklemmen lassen, während sie mit den kleinen Scheren an den anderen Beinen durch den Spalt ins Innere der Muschel vordringen können, wo sie das Opfer so lange bearbeiten, bis dieses ermattet ist und schließlich verendet. Kleinere Flusskrebse kann man aber sehr wohl mit Großmuscheln vergesellschaften. Es sei jedoch darauf hingewiesen, dass die dauerhafte Haltung und hierbei vor allem die Fütterung von Muscheln nicht einfach ist.

Kleine Schnecken sind eine willkommene Nahrungsergänzung.

Flusskrebse und Pflanzen

Für negative Auswirkungen auf Pflanzen ist bei den meisten Aquarianern eine viel geringere Toleranz vorhanden, als für den Verzehr von Schnecken. Auch bei noch so reichhaltiger Futtergabe werden Wasserpflanzen von den meisten Krebsarten geschädigt, und dies nicht nur durch Fraß sondern ebenso durch mechanische Beschädigungen beim Herumwandern (großwüchsige Arten) und durch Wurzelschädigungen beim Graben der Wohnhöhlen.

Höhlenkrebse schädigen die Aquarienpflanzen nicht.

Rühmliche Ausnahmen hierbei sind wiederum die *Cambarellus*-Arten und auch die Höhlenkrebse. Erstere wegen ihrer Kleinheit, letztere dadurch, dass sie aus ihren natürlichen, unterirdischen Biotopen keine frische pflanzliche Kost kennen. Wer also in seinem wuchernden Pflanzenaquarium tierische Konsumenten zum Auslichten einsetzen will, ist mit einigen Flusskrebsarten gut beraten. Pflanzenliebhaber, die langsamwüchsige, empfindliche Pflanzen pflegen, sollten die Entscheidung für Flusskrebse sehr genau überlegen und bei der Artenwahl selektiv sein (s. Kap. Arten).

Körperbau

Der Grundbauplan

Der Körper eines Flusskrebses ist sehr einfach aufgebaut. Sein äußeres Erscheinungsbild und die deutlich funktionelle und optische Gliederung in verschiedene Körperabschnitte täuscht darüber hinweg, dass ein Flusskrebs eigentlich aus ähnlich aufgebauten Segmenten, die mit jeweils einem Spaltbeinpaar ausgestattet sind, besteht. Diese Beine sind je nach Körperabschnitt verschieden ausgeformt und übernehmen auch unterschiedliche Funktionen.

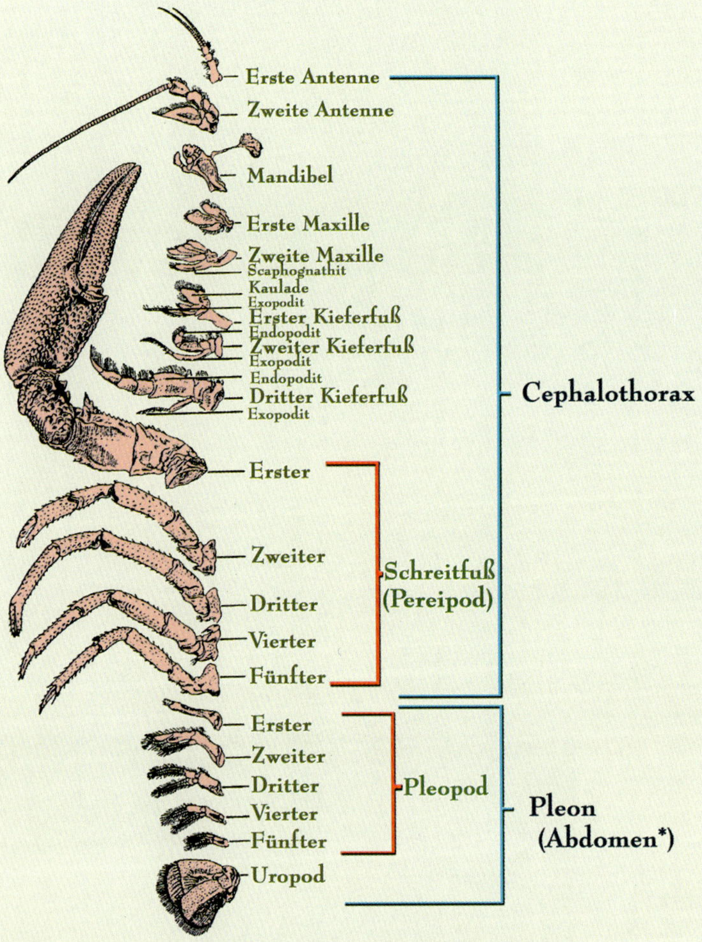

Ein Flusskrebs besitzt neunzehn dieser Segmente (als Embryo noch zwanzig), deutlich zu sehen sind sechs dieser Körperabschnitte aber nur am Hinterleib oder Abdomen (Richtigerweise müsste es Pleon heißen, es finden sich aber auch in der Fachliteratur immer wieder beide Bezeichnungen. Ein Abdomen, z.B. bei den Insekten, trägt im Gegensatz zum Pleon der Krebse keine Beine). Die restlichen Segmente des Cephalothorax (Kopf-Bruststück) sind unter dem Brustpanzer (Carapax)· verborgen und starr verwachsen. Dreht man den Krebs auf den Rücken und betrachtet ihn ventral (bauchseitig), kann man anhand der Beine auch in diesem Bereich die Gliederung erahnen.

Erste Antenne
Zweite Antenne
Mandibel
Erste Maxille
Zweite Maxille
Scaphognathit
Kaulade
Exopodit
Erster Kieferfuß
Endopodit
Zweiter Kieferfuß
Exopodit
Endopodit
Dritter Kieferfuß
Exopodit

Cephalothorax

Erster
Zweiter
Dritter
Vierter
Fünfter

Schreitfuß
(Pereipod)

Erster
Zweiter
Dritter
Vierter
Fünfter
Uropod

Pleopod

Pleon
(Abdomen*)

Abb. 6 Sämtliche Extremitäten eines Flusskrebses.als Beispiel dient der Edelkrebs *Astacus astacus*.
Nach Renner (1989)

Die Bezeichnung " Abdomen " für hinterleib ist zwar bei den meisten Crustaceen korrekt, bei Flusskrebsen (Malacostraca) wird richtigerweise der Ausdruck Pleon verwendet, da auf den Hinterleibsegmenten Gliedmaßen vorhanden sind.

Dorsalansicht eines Krebses.

Kopfstück

Von vorne beginnend sind die paarigen, kleineren Antennulas, die langen Antennen, die Maxillen und Mandibel (Anhänge des Kopfstückes oder Cephalon) sowie die Kieferfüße und schließlich auch die Schreitbeine (Anhänge des Bruststücks oder Thorax) alles verschieden ausgeformte Beine. Alle diese Körperanhänge können bei Verlust im Verlauf der nächsten Häutun-

Am Kopstück sehr gut zu erkennen ist die Cervikalfurche.

gen (s. Kap. Wachstum, Häutung, Ernährung) neu gebildet werden. Das Kopfstück ist gemeinsam mit dem Rumpf von einem Panzer (Carapax) aus einem Stück bedeckt. Die Trennung der beiden Körperteile ist durch eine Einkerbung an den Seiten angedeutet, der so genannten Cervikalfurche.

Beine

Die fünf Paar Schreitbeine haben der Ordnung in der Systematik auch ihren Namen gegeben, nämlich *Dekapoda* (Zehnfußkrebse). Wobei bei den Flusskrebsen die ersten drei Schreitbeine mit Scheren ausgestattet sind, die vordere davon immer zu der uns bekannten, großen Krebsschere ausgebildet. Alle diese Beine sind im Prinzip Spaltbeine, sie können sich in verschiedene Äste aufteilen, die unterschiedliche Funktionen übernehmen. An den Kieferfüßen und den Schreitbeinen (Thorakopoden) sitzen die Kiemen (bis zu drei Kiemen je Bein) des Krebses unsichtbar unter dem Carapax in den Kiemenhöhlen. Die Schreitbeine sind einröhrig ausgebildet. Sie tragen an der Coxa (erstes körpernahes Segment des Beines) die Geschlechtsöffnungen (Gonoporen), die als kleine Papillen sichtbar sind.

Die männlichen Gonoporen befinden sich paarig an den fünften Schreitbeinen, die weiblichen an den dritten Beinen. Bei manchen Arten finden sich auch beide Geschlechtsöffnungen gleichzeitig, was aber nicht immer als Zwittrigkeit beurteilt werden kann (s. Kap. Vermehrung).

Nach einer problematischen Häutung kann man manchmal Kiemen auf der Außenseite erkennen.

Der Hinterleib oder Pleon (Abdomen)

Jedes der sechs Segmente des Hinterleibes, die beweglich durch elastische Membranen verbunden sind, trägt ebenfalls ein Beinpaar. Diese Schwimmbeinchen sind zweiästig ausgebildet.

Bei den Weibchen ist das erste Beinpaar reduziert, bei den Männchen der *Astacidae* und *Cambaridae* sind die ersten beiden Beinchen zu Befruchtungsgriffeln (Gonopoden) umgewandelt. Bei den *Parastacidae*, die keine Gonopoden ausbilden, kann man das Geschlecht, so die Tiere nicht (schein)zwittrig sind, nur an der Ausbildung der Gonoporen feststellen. Auch das abgeflachte Telson als letztes Körpersegment trägt ebenfalls ein Beinpaar, die Uropoden, die flossenförmig ausgebildet sind und zusammen mit dem Telson den Schwanzfächer bilden. Auch hier kann man die zweigeteilte Konstruktion dieser Beine gut erkennen.

Begattungsgriffel oder Gonopoden.

Telson und Uropoden bilden den Schwanzfächer.

Cervicaldorn und Post-
orbitalleiste sind deutlich
zu erkennen.

Der Brustpanzer (Carapax)

Der Brustpanzer ist durch die seitlichen Cervi-
calfurchen, die deutlich zu erkennen sind, optisch
in das Kopfstück und das Bruststück geteilt. An der
Rückenseite kann man weitere Furchungen feststellen, die sogenannte Areola. Die Ausformung
des Carapax, die Gestaltung der Furchen, die verschiedenen Dornen, Gruben, Tuberkel, Kämme
und Leisten auf dem Carapax sind wichtige Merk-
male, die für die Artbestimmung herangezogen
werden.

Sinnesorgane

Neben dem Rostrum befinden sich Einbuch-
tungen im Carapax, in welche die gestielten Facet-
tenaugen des Krebses bei Gefahr eingeklappt werden können. Die Konstruktion dieser Augen unterscheidet sich deutlich von einem Insektenauge.
Für die Lichtsammlung und -weiterleitung wurde
hier von der Natur ein Parallelspiegelsystem ange-
wendet. Die unabhängig voneinander beweglichen Stielaugen haben ein Gesichtsfeld von 360°.
Krebse nehmen damit selbst aus großen Entfernungen jede Bewegung wahr.
Die paarigen kurzen Antennula haben an ihrer Basis einen kleinen Hohlraum,
welcher mit feinen Härchen ausgestattet ist. In dieser Statozyste liegt ein
winziges Körnchen und drückt durch die Schwerkraft auf die Sinneshaare.
Sie dient dem Krebs als Gleichgewichtsorgan. Dieser Statolyth wird bei jeder

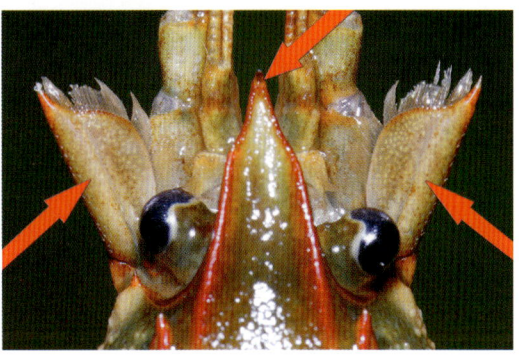

Fühlerschuppen und
Rostrum.

Häutung erneuert. Auf den Antennenästen sitzen Tast- und Riechborsten. Die langen, peitschenförmigen Antennen dienen als Tastorgane und können länger als die Körperlänge des Krebses werden. An der Basis der Antenne sitzt die bewegliche Fühlerschuppe (Scaphozerit), die bei manchen Arten ebenfalls der Artbestimmung dient.

Innere Organe

Flusskrebse haben ein muskulöses Herz, das den Körper über einen offenen Blutkreislauf mit Sauerstoff und Nährstoffen versorgt. Das Blut ist fast farblos, denn Krebse verwenden nicht Hämoglobin sondern Haemocyanin für den Sauerstofftransport. Der Verdauungstrakt beginnt mit einem sehr kurzen Schlund, der in den zweigeteilten Magen mündet. Die vordere Kammer ist als Kaumagen ausgebildet und dient der Zerkleinerung der Nahrung. Alles was nicht fein zerrieben werden kann, wird wieder ausgespuckt. Nur feine Partikel werden in die zweite Magenkammer weitergegeben. Ihr folgt ein kurzer Mitteldarm, in den die beiden Mitteldarmdrüsen (*Hepatopankreas*) münden. Der sich anschließende Enddarm verläuft durch den Hinterleib bis zum Telson, wo sich der Anus befindet.

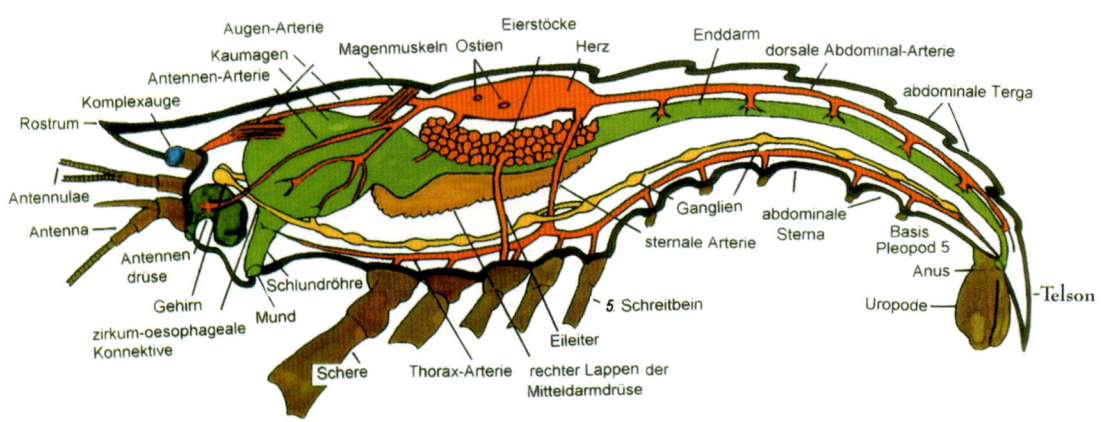

Medianer Längsschnitt durch einen Flusskrebs zur Veranschaulichung der internen Anatomie. Aus Eder & Hödl – Flusskrebse Österreichs (Stapfia 58)

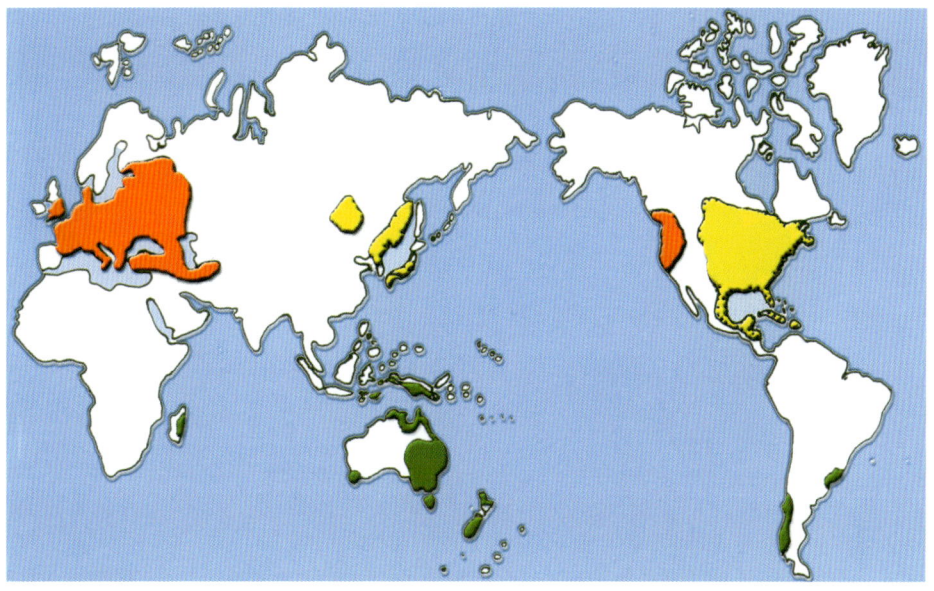

Geografische Verbreitung der Flusskrebse (Nach Scholz 1996a)

Astacidae   **Cambaridae**   **Parastacidae**

Verbreitung und Herkunft

Derzeit sind mehr als 600 Flusskrebsarten weltweit beschrieben. Die höchste Artenzahl findet sich in Nordamerika (über 350), gefolgt von Australien (etwa 130). Die Flusskrebse (Astacidea) werden in drei Familien aufgeteilt: Auf der Nordhalbkugel sind sie vertreten durch die Familien der **Astacidae** und **Cambaridae**, auf der Südhalbkugel lebt die Familie der **Parastacidae**. Vertreter der Astacidae kommen neben Europa und Kleinasien auch in Nordamerika westlich der Rocky Mountains in den USA und Kanada vor. Die Cambaridae haben ihr Hauptverbreitungsgebiet in Nordamerika, ihre Ausdehnung reicht bis Mexiko und auf die Antillen. Auch in Ostasien, von Korea über Russland bis nach Japan sind Vertreter dieser Familie zu finden. Die Parastacidae kommen in Neuseeland, Australien, Neuguinea, Madagaskar und Südamerika vor. In Afrika und auf dem Indischen Subkontinent kommen Flusskrebse ursprünglich nicht natürlich vor. Warum das trotz dort vorhandener, geeigneter Lebensräume so ist, ist ebenso ungeklärt wie die räumlich sehr verstreute und nicht zusammenhängende (disjunkte) Verbreitung der einzelnen Familien (siehe Karte).

Durch den Menschen wurden Flusskrebse in den letzten 100 Jahren kreuz und quer über den Erdball verbreitet. Aus diesem Grund sind heute Vertreter der Cambaridae (z.B. *Procambarus clarkii*) sowohl in Europa als auch in Afrika und China zu finden. Ebenso wurden australische *Cherax*-Arten für die Aquakultur weit verbreitet und leben heute ebenso in Mexico wie in Südamerika oder auf mancher tropischen oder subtropischen Insel rund um den Erdball. Warum eine eigene, endemische Gattung von Flusskrebsen (Astacoides) auf Madagaskar vorkommt, auf dem gesamten afrikanischen Kontinent mit seinen vielfältigsten Klimazonen und Lebensräumen Flusskrebse aber vollständig fehlen, blieb bis heute unbeantwortet.

Es gibt Theorien welche dieses Verbreitungsmuster durch die Kontinentaldriftung und das Zerfallen des Urkontinents Gondwana zu erklären versuchten. Zu dieser Zeit sollen die Vorfahren der Flusskrebse das Meer verlassen haben und sind ins Süßwasser eingedrungen.

Vorerst ist Gondwana in zwei Teile zerbrochen, in Laurasia (=Nordkontinent mit Cambaridae und Astacidae) und Pangea (Südkontinent mit Parastacidae) und erst später in die heutigen Kontinente.

Andere Autoren vertreten hingegen die Ansicht, dass Flusskrebse ursprünglich viel weiter verbreitet waren und in jenen Gebieten, wo sie heute fehlen, durch später auftretende Süßwasserkrabben vollständig verdrängt wurden. Diese Fragestellung ist nicht endgültig geklärt, weil es heute, wenn auch selten, Biotope gibt, wo Krabben und Flusskrebse gemeinsam vorkommen. Dies stellt aber eher die Ausnahme dar, auch sind die Krebse der Nordhalbkugel durch die flusskrebsfreien Tropen von den Parastacidae der Südhalbkkugel deutlich getrennt. In dieser sehr warmen Klimazone werden die potentiellen Flusskrebslebensräume von Krabben oder Großarmgarnelen besiedelt. Flusskrebse kommen hauptsächlich in subtropischen bis gemäßigten Klimazonen vor und besiedeln auch kalte Gewässer, die den Vertretern der Echten Krabben (Brachyura) zu kühl sind, wobei Vertreter der Gattung Potamon, die auch kühle Gebirgsbäche besiedeln, die Ausnahme bei den Krabben sind. Die Astacidea (Flusskrebse) sind entwicklungsgeschichtlich älter als die Süßwasserkrabben. Der erste Nachweis für das Auftreten der Flusskrebse, eine versteinerte Schere, ist auf 285 Millionen Jahre datiert. Neueste Untersuchungen gehen davon aus, dass nur eine Stammform der Flusskrebse das Meer verlassen und das Süßwasser erobert hat. Aus diesen Tieren haben sich dann unter den wechselnden erdgeschichtlichen Bedingungen die drei heute bekannten Familien entwickelt.

Süßwasserkrabbe aus Kuba.

Flusskrebse besiedeln, wie schon beschrieben, die unterschiedlichsten Habitate. Sie sind gegenüber erhöhter Salinität sehr tolerant, und so können manche Arten auch im Brackwasser gefunden werden. Einige Arten vermögen auch mehrere Tage lang im Salzwasser zu überleben. Damit könnte auch die Besiedlung einiger Inseln der Antillen wie Kuba erklärt werden. Keinesfalls aber werden marine Habitate dauerhaft besiedelt.

Es folgt eine Übersicht der Familien der Flusskrebse und ihre derzeit beschriebenen Gattungen:

Die Astacidae

Ein europäischer Vertreter dieser Familie, der Edelkrebs (*Astacus astacus*), war der Namensgeber der gesamten Unterordnung der Astacidea. Er wurde auch als erster wissenschaftlich beschrieben und gehört daher zu den am besten wissenschaftlich untersuchten Arten weltweit. Allerdings gibt es bis heute auch in dieser Familie noch taxonomische Unklarheiten, und von

Edelkrebs *Astacus astacus*.

manchen Autoren wurde in den letzten Jahren eine Umbenennung mancher Arten vorgenommen, die allerdings sehr umstritten ist. So führen russische Publikationen immer wieder die Gattung *Pontastacus* oder auch *Caspiastacus* an, die bisher alle in der Gattung *Astacus* vereint waren.

Die Vorkommensgebiete der unumstrittenen Gattungen *Astacus* und *Austropotamobius* überschneiden sich teilweise bei uns in Mitteleuropa. *Astacus* besiedelt die östlichen Regionen Eurasiens bis zum Ural und *Austropotamobius* waren die Flusskrebse Westeuropas. Erst der Mensch verwischte die ursprüngliche Verbreitung durch seine Besatzmaßnahmen, die sehr früh begannen und bereits im Mittelalter belegt sind. Ein trauriger Meilenstein war das Einbringen des amerikanischen Kamberkrebses (*Orconectes limosus*) 1890 nach Europa. Den Höhepunkt dieser Faunenverfälschung erreichten wir aber im 20. Jahrhundert, als man amerikanische Astacidae der Gattung *Pacifastacus* (*leniusculus*), den Signalkrebs, nach Europa brachte und intensive Besatzmaßnahmen in verschiedenen Ländern durchführte.

Der Signalkrebs *Pacifastacus lenuisculus*.   *Cambarellus diminutus* im Aquarium.

Astacidae besiedeln stets stehende und fließende Oberflächengewässer. Es ist keine höhlenbewohnende Art beschrieben, auch gibt es keine grabenden Spezies, die ihre Wohnhöhlen im trockenen Boden anlegen. Sie beschränken sich auf das Ausheben von Material unter Steinen und Wurzeln in ihrem Gewässer, um sich so eine Wohnhöhle zu schaffen.

Die Gattung *Austropotamobius* besiedelt eher die kühlen, kleineren und schnell fließenden, seichten Gewässer und weist einen engen Toleranzbereich im Bezug auf Wasserqualität auf, anders die Gattung *Astacus,* die unterschiedlichste, aber stets sommerwarme Gewässer bis zum Brackwasser (*Astacus pachypus*) erobert haben.

Die fünf Flusskrebsarten der Gattung *Pacifastacus* sind die einzigen amerikanischen Vertreter dieser Familie. Sie besiedeln Flüsse und Bäche westlich der Rocky Mountains von Kalifornien nordwärts bis Kanada. Eine der

Barbicambarus cornutus.

Cambarus maculatus aus Missouri, USA.

Procambarus toltecae aus Mexiko.

fünf Arten aus dieser Gattung, der Signalkrebs *Pacifastacus leniusculus*, wurde in den 1960er Jahren durch den Menschen nach Europa gebracht und bildet hier inzwischen ausgedehnte freilebende Populationen, welche die heimischen Krebsarten immer stärker bedrohen und verdrängen.

Die Cambaridae

Die Familie der Cambaridae ist die weltweit artenreichste Gruppe der Flusskrebse und kommt in Nordamerika und im Fernen Osten vor. Sie hat die unterschiedlichsten Habitate erobert.

Faxonella clypeata aus Albama, USA.

Einige Vertreter haben sich auch auf die Besiedlung extremer Biotope wie z.B. Höhlen spezialisiert. Zu dieser Familie gehört auch die Gattung *Cambarellus* (Zwergflusskrebse) zu der auch der kleinste bekannte Flusskrebs *Cambarellus diminutus* gehört. Er erreicht eine Carapaxlänge von nur 13 mm.

Einige Gattungen wie *Barbicambarus* und *Bouchardina*, sind monotypisch, das heißt es gibt nur jeweils eine Art in dieser Gattung. Sie sind wie die fünf Vertreter der Gattung *Distocambarus* für die Aquaristik ohne Bedeutung.

Die artenreiche Gattung *Cambarus* ist mit über 80 Arten und Unterarten in Nordamerika weit verbreitet. Sie bewohnen die unterschiedlichsten Habitate, von Bächen über Flüsse bis zu Höhlengewässern. Es gibt aber auch Vertreter, die sich komplexe Gangsysteme im trockenen Boden so anlegen, dass sie das Grundwasser erreichen.

Die kleinwüchsigen Krebse der Gattung *Fallicambarus* (16 Arten) oder auch *Faxonella* wären von ihrer Größe her für die Aquarienhaltung denkbar. Ihre grabende Lebensweise bei Austrocknung des Wohngewässers, die man ihnen im Becken wohl kaum bieten kann, lassen sie aber für die Aquaristik nicht gerade pflegeleicht erscheinen.

Orconectes harrisoni
aus Missouri, USA.

Die sieben Arten der Gattung *Hobbseus* kommen nur in einem begrenzten Gebiet in den Küstenebenen am Golf von Mexiko in den amerikanischen Südstaaten vor.

Eine sehr artenreiche Gattung ist *Orconectes*, deren Vertreter Bäche und Flüsse bewohnen. Einige wenige Arten haben auch Höhlengewässer als Lebensraum erobert. *Orconectes limosus*, der Kamberkrebs, und *Orconectes immunis* wurden in Europa eingeführt und bilden hier reproduzierende Populationen, wobei sich *O. limosus* bereits seit 1890 bei uns ausbreitet, wohingegen *O. immunis* erst seit 1997 bestätigt wurde. Der Kamberkrebs wurde ganz bewusst als Ersatz für die durch die Krebspest vernichteten heimi-

Hobbseus prominens
aus Alabama, USA.

schen Flusskrebsbestände eingeführt, bei der anderen Art wissen wir nicht, wie sie den Weg in ein Flusssystem in Deutschland gefunden hat.

Die Gattung *Procambarus* ist mit mehr als 160 beschriebenen Arten und Unterarten eine recht unübersichtliche, schwer zu unterscheidende Gruppe. Sie besiedeln den südlichen Teil Nordamerikas bis nach Guatemala und in die Karibik. Einige Vertreter dieser Gattung haben ihren Weg in die Aquaristik bereits gefunden.

Zur Vervollständigung der nordamerikanischen Cambaridae muss noch *Troglocambarus mclanei*, ein Höhlenbewohner erwähnt werden.

Auch in Ostasien sind Flusskrebse der Familie Cambaridae verbreitet. Sie gehören der Gattung *Cambaroides* an und sind vertreten durch *C. japonicus* in Japan, *C. schrenckii*, *C. dauricus* und *C. similis* in Sibirien und Korea.

Die Parastacidae

Alle Krebse der Südhalbkugel gehören in diese Familie. Sie haben wie ihre Verwandten der nördlichen Hemisphäre eine große Artenvielfalt entwickelt und unterschiedlichste Habitate erobert. Nur wenigen Arten ist es gelungen, auch Gewässer in den Tropen zu besiedeln. Interessanterweise ist dies auf keinem der fünf Kontinente gelungen, sondern auf Inseln wie Neuguinea oder Madagaskar. Dort besiedeln die Flusskrebse eher die kühleren Gebirgsgewässer. Die

Cambaroides japonicus aus Japan.

Cherax destrucor aus Australien.

Engaeus quadrimanus aus Australien.

37

Parastacidae haben mit dem tasmanischen Flusskrebs *Astacopsis gouldi* auch den größten Vertreter hervorgebracht, der bis zu 4,5 kg schwer werden kann. Damit gehört er zu den größten Wirbellosen des Süßwassers überhaupt. Der heute streng geschützte Krebs hat eine hohe Lebenserwartung von bis zu 60 Jahren.

Die Gattung *Cherax* hat das größte Verbreitungsgebiet aller Parastacidae und besiedelt den australischen Kontinent sowie einige Inseln nördlich davon bis nach Neuguinea. Es sind bisher über 40 Arten beschrieben, einige Arten sind in der Aquaristik bereits eingeführt.

Die Arten (35) der Gattung *Engaeus* kommen im nördlichen Tasmanien und im südlichen Australien recht häufig vor. Diese Tiere legen komplexe, selbst gegrabene Gänge an und leben auch außerhalb des Wassers! Grabende Arten leben in ihren Gangsystemen in Familienverbänden zusammen. In der Aquaristik sind sie wegen ihrer speziellen Lebensansprüche ohne Bedeutung.

Die Gattung *Engaewa* zählt nur drei Arten, die im Südwesten Australiens endemisch vorkommen. Auch sie graben komplexe Gangsysteme in sumpfigem Gelände.

Die Gattung *Euastacus* kommt ebenfalls im Süden Australiens vor und hat unter seinen etwa 40 Vertretern sehr großwüchsige Arten hervorgebracht, die durch ihre stachelige Bepanzerung in Australien auch Spiny crayfish genannt werden.

Die Gattungen *Geocharax* und *Gramastacus* haben jeweils nur zwei eher kleinwüchsige Arten hervorgebracht und sind ebenso wie der kleinste,

Euastacus armatus aus dem Murray River in Australien.

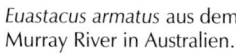

monotypische Vertreter, *Tenuibranchirius*, für die Aquaristik unbedeutend.

Auf Neuseeland sind zwei Arten der Gattung *Paranephrops* endemisch. Eine Art besiedelt ausschließlich die Nordinsel, während die andere Art auf beiden Inseln vorkommt. Diese Arten sind sehr anpassungsfähig und besiedeln unterschiedlichste Gewässer.

Auf Tasmanien ist die Gattung *Parastacoides* endemisch. Die relativ kleinen Tiere (bis acht Zentimeter Körperlänge) leben in Fließgewässern ebenso wie in selbst gegrabenen Gangsystemen. Bisher waren nur vier Arten und Unterarten beschrieben, die Zahl wird sich durch Neubeschreibungen wohl um vierzehn weitere Arten erhöhen.

In Südamerika sind derzeit zehn Arten beschrieben, die den Gattungen *Parastacus* (8 Arten), *Samastacus* (1 Art) und *Virilastacus* (1 Art) angehören. Sie kommen in Chile, im südlichen Brasilien und in Uruguay vor, die tropischen Bereiche Südamerikas sind ohne Flusskrebse. Diese Krebse gehören zu den grabenden Arten, einige davon leben ihr ganzes Leben in selbst gegrabenen Gangsystemen, in denen ganze Familien mit ein- und zweijährigen sowie adulten Exemplaren zu finden sind. Nur *Samastacus* kommt ausschließlich in Oberflächengewässern vor und besiedelt Flüsse ebenso wie

Astacoides madagascariensis aus Madagaskar.

Seen, und das bis in sehr große Tiefen. Wir haben Exemplare in 100 Metern Tiefe gefunden.

Obwohl auf dem ganzen afrikanischen Kontinent keine Flusskrebse beheimatet sind, gibt es auf der vorgelagerten Insel Madagaskar eine eigene Gattung *Astacoides* mit sechs Vertretern. Diese meist großwüchsigen Krebse sind wunderschön gezeichnet und zeigen teilweise ein exotisches Aussehen.

Parastacus nicoletti aus Chile.

Vermehrung

Die Flusskrebse der Nordhalbkugel sind in der Regel getrenntgeschlechtliche Individuen, es gibt also eindeutige Weibchen und Männchen. Gelegentlich kann man an Weibchen aber auch verkümmert ausgebildete Befruchtungsbeinchen, die so genannten Gonoporen, vorfinden. Wenn keine männlichen Gonopoden vorhanden sind, bleiben diese Beinchen sicher ohne Funktion.

Bei den Parastaciden (Südhalbkugel) sind die auch bei anderen marinen Crustaceen beschriebenen Erscheinungen wie Zwittrigkeit und potandrischer Hermaphrodismus weit verbreitet und bereits wissenschaftlich beschrieben.

Die Dauer der Eientwicklung ist je nach Art sehr unterschiedlich. Es gibt Sommerbrüter und Winterbrüter. Bei den Tieren, die in der warmen Jahreszeit ihre Eier austragen, dauert die Entwicklung manchmal nur zwanzig Tage, bei Winterbrütern erstreckt sich diese Tragzeit oft über sechs oder mehr Monate. Auch innerhalb der jeweiligen Art schwankt die Dauer erheblich, weil die Entwicklungsgeschwindigkeit auch von der Wassertemperatur abhängt. Man spricht von benötigten Tagesgraden (Wassertemperatur x Anzahl der Tage), die ein Ei bis zum Schlupf benötigt. Die Temperatur kann sich natürlich auch verändern, vor allem bei den Arten, die in gemäßigten Zonen vom Herbst bis in das Frühjahr hinein brüten. Als Beispiel sei ein Zwergflusskrebs der Gattung *Cambarellus* herangezogen: Bei einer Wassertemperatur von 25 °C benötigt die Eientwicklung 30 Tage (25 °C x 30 Tage = 750 Tagesgrade). Bei 22 °C dauert es hingegen bereits 34 Tage (750 Tagesgrade / 22 °C = 34 Tage).

Dabei ist aber zu beachten, dass die Arten meist nur einen sehr engen Temperaturbereich haben, bei dem sich die Eier auch tatsächlich entwickeln (der Rote Amerikanische Sumpfkrebs *Procambarus clarkii* ist hier ebenfalls sehr anpassungsfähig. Er kann im Sommer genauso wie im Winter brüten!). Man kann die Wassertemperatur nicht beliebig erhöhen, um die Brutzeit zu verkürzen oder umgekehrt!

Manche Arten benötigen auch einen speziellen Temperaturverlauf während der Erbrütung, mit saisonal bedingter, starker Abkühlung und langsamer Wiedererwärmung, sonst sterben die Eier ab.

Als wissenschaftliche Sensation aus dem Jahr 2003 kann die Entdeckung von Parthenogenese bei Flusskrebsen bezeichnet werden, denn es ist das erste Mal, dass diese Form der Vermehrung bei Dekapoden nachgewiesen wurde (s. Artbeschreibung Marmorkrebs).

Die Vermehrung und vor allem die Paarung in den einzelnen Flusskrebsfamilien läuft etwas unterschiedlich ab und wird daher für jede Familie kurz umrissen:

Die Paarung der Astacidae

Bei allen Astacidae, den europäischen wie den amerikanischen Vertretern, erfolgt die Paarung bei sinkenden Wassertemperaturen im Herbst. Es gibt nur einen Brutzyklus pro Kalenderjahr, da alle Arten in gemäßigten Kli-

Weibchen mit Eiern und
Spermapaket.

mazonen vorkommen. Die sinkende Wassertemperatur (bei manchen Arten
hat sie eine echte Auslöserfunktion für die Begattung) und die kürzeren Ta-
geslängen lösen das Suchverhalten der Männchen aus. Dabei durchstreifen
sie entgegen ihrer sonstigen Gewohnheit auch tagsüber das Gewässer. Treffen sie auf ein anderes Männchen, kann es zu heftigen Kämpfen kommen.
Dies kann auch zu Verlusten von Gliedmaßen führen, ein tödlicher Ausgang
ist aber sehr selten.

Ist die Suche erfolgreich, wird das Weibchen vom Männchen mit den
Scheren festgehalten. Dann versucht er seine Partnerin auf den Rücken oder
in Seitenlage zu drehen. Dies sieht eher wie ein Kampf und nicht wie eine
zärtliche Werbung aus. Allerdings sind paarungsbereite Weibchen sehr wohl
kooperativ, so dass auch körperlich unterlegene Männchen größere Weibchen begatten können. Bei der Paarung kommt es zu einer Begattung des
Weibchens, und nicht zu einer Befruchtung der Eier. Die Männchen formen
mit ihren Gonopoden oder Begattungsgriffeln (s. Kap. Körperbau) weiße, bis
zu einem Millimeter starke und fünf bis acht Millimeter lange, stäbchenför-
mige Spermatophoren, die sie meist ventral zwischen den letzten Schreitbeinen oder am Schwanzfächer des Weibchens anheften. Die Paarung dauert einige Minuten bis zu einer Stunde. Dann trennen sich die Tiere, das
Männchen geht wieder unverzüglich auf Partnersuche, das Weibchen sucht
sein Versteck auf und zieht sich zurück. Die weißen Spermapakete sind
deutlich an der Unterseite der Weibchen zu sehen. Selbst noch im Frühjahr
kann man bis zur ersten Häutung des Weibchens die Reste dieser angehef-
teten Spermatophoren finden!

Nach einiger Zeit, dies kann zwischen wenigen Stunden bis zu zwei Wo-
chen dauern, wird vom Weibchen ein zäher Schleim produziert, der am
Hinterleib das so genannte Schleimzelt bildet. In diesen abgeschlossenen
Hohlraum werden die Eier durch die Gonoporen am dritten Schreitbeinpaar
ausgestoßen. Der Schleim löst auch die Spermatophoren auf, und die freien
Spermien befruchten zu diesem Zeitpunkt die Eier. Durch rythmisches

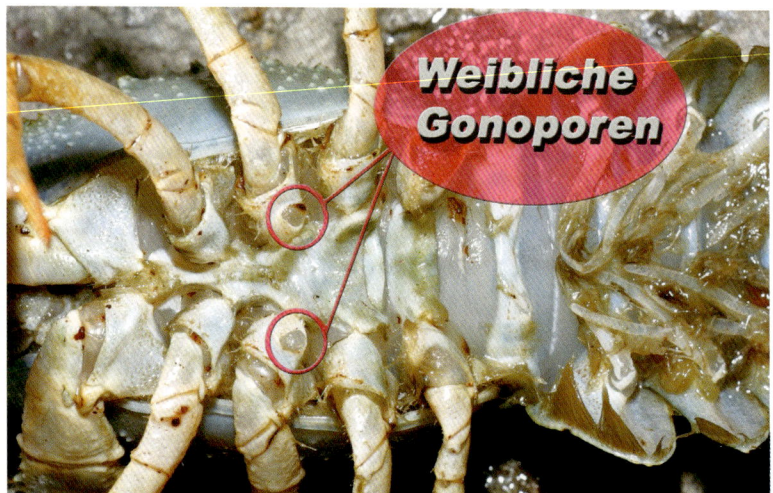

Weibliche Gonoporen bei Astacidae. Ovale Öffnungen am dritten Schreitpaar.

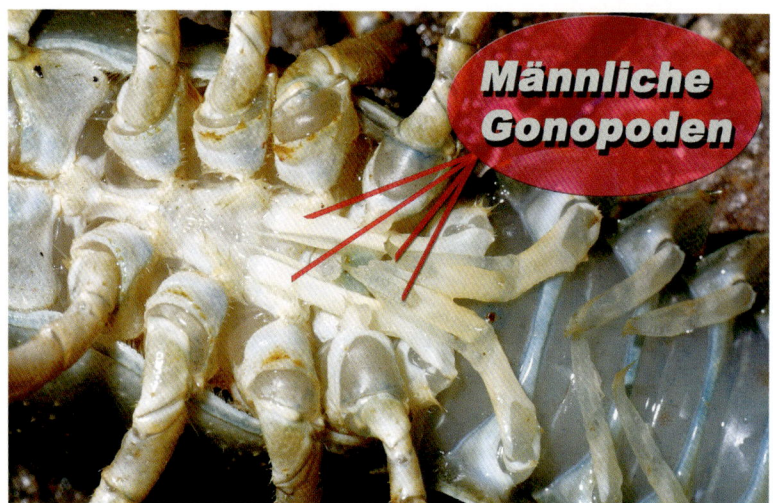

Männliche Gonopoden bei Astacidae. Zwei Paar Begattungsgriffel beim Männchen.

Schlagen mit den Schwimmbeinchen des Hinterleibes werden aus dem Schleim auch jene Fäden geformt, mit denen die Eier an den Schwimmbeinchen befestigt sind. Die Eier werden von den Weibchen während der Winterzeit bis ins späte Frühjahr hinein mit sich herumgetragen, gesäubert und umhegt. Zwischen Mai und Juni schlüpfen dann je nach Art und Lebensraum Krebslarven aus den Eiern, die mit dem Hinterleib in den Eihüllen verankert sind (Telsonfaden) oder sich später aktiv an den Borsten der Schwimmbeinchen festhalten. Nach etwa 1-2 Wochen häuten sich diese Larven und werden zu miniaturisierten Abbildern ihrer Eltern. Sie verbleiben noch einige Tage am Muttertier und suchen bei Gefahr Schutz unter seinem Körper. Während dieser Zeit haben die Weibchen ihren Jungen gegenüber eine Fresshemmung. Diese lässt aber nach, und die Kleinen müssen ihre Mutter verlassen und ein eigenständiges Leben beginnen.

Die Vermehrung der nordamerikanischen Cambaridae

Abhängig von den klimatischen Verhältnissen in den Vorkommensgebieten der jeweiligen Arten, kann es pro Jahr zu mehr als einem Vermehrungszyklus kommen. Der markanteste Unterschied zu den Astacidae sind zwei Eigentümlichkeiten: Das Vorhandensein eines Anulus ventralis und das Auftreten eines Formenwandels. Der Anulus ventralis oder auch Receptaculum seminis ist ein blasenförmiger Hohlraum auf der Bauchseite des Weibchens, der als Spermatothek zur Aufbewahrung des Spermas dient. Die Paarung läuft ähnlich wie oben beschrieben ab, allerdings können die Männchen keine Spermatophoren formen, sondern dringen mit einem ihrer ersten Gonopoden in den Anulus ventralis ein und drücken mit dem zweiten Begat-

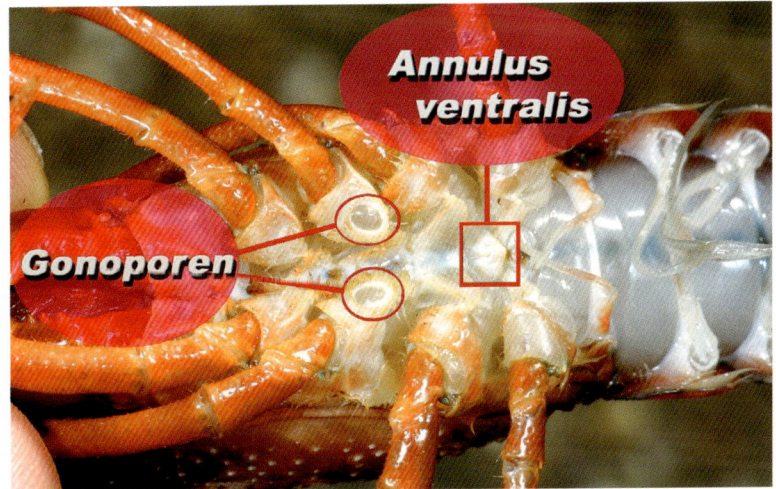

Cambaridae. Weibliche Geschlechtsöffnungen mit Annulus ventralis.

Cambaridae. Zwei Paar Begattungsgriffel beim Männchen.

Unmittelbar vor der Paarung kommt es durch das Berühren oder durch bestimmte Bewegungen mit den Scheren zu einer Kontaktaufnahme zwischen den Partnern

Zu Beginn der Paarung ergreift das Männchen die Partnerin mit den Scheren und versucht sie auf den Rücken oder auf die Seite zu drehen.

Mit den Schreitbeinen umklammert er den Körper des Weibchens und versucht es so festzuhalten.

Hilfreich sind die Ischium-Haken an den Beine des Männchens, die als Klammerorgane dienen.

Gelingt der Versuch, liegen die Ventralseiten der Partner einander zugekehrt und die Begattung kann beginnen.

Die Begattung dauert ungefähr 15 Minuten, danach wird das Weibchen freigelassen.

tungsgriffel das Sperma wie mit einem Kolben in den Hohlraum. Da die Begattungsgriffel der Arten unterschiedlich ausgeformt sind und wie ein Schlüssel ins Schloss des Anulus ventralis passen, kommt es zu keinen Vermischungen der Arten, auch wenn diese nahe verwandt sind und im selben Gewässer leben. Nach der Begattung sind am Weibchen keine weißen Spermatophoren zu sehen.

Der Formenwandel ist eine Eigenheit der *Cambaridae*. Die Männchen verändern bei der Häutung ihr äußeres Aussehen sowie Größe und Proportionen der Scheren und die Ausformung ihrer Gonopoden. Nur in der sogenannten „Form I" sind Männchen in der Lage, ein Weibchen erfolgreich zu begatten. Bei der nächsten Häutung nach der Paarungszeit verwandeln sich die Tiere deutlich. Sie haben dann die gleichen Körpermerkmale wie noch nicht geschlechtsreife Artgenossen. Es können einige Häutungen folgen, ohne dass eine Änderung stattfindet. Erst wenn die Paarungszeit näher rückt, verwandeln sich die „Form II"-Männchen wieder zu begattungsfähigen „Form I" Tieren. (Für die exakte taxonomische Artbestimmung benötigt man bei den Cambaridae unbedingt ein Form I Männchen).

Der Ablauf unmittelbar vor der Paarung soll am Beispiel von *Procambarus* etwas näher beschrieben werden: Die erste Kontaktaufnahme zwischen den Krebsen erfolgt durch vorsichtiges Berühren mit den Fühlern, danach auch mit den Scheren. Es findet auch eine chemische Kommunikation statt, die die Paarungsbereitschaft des Weibchens vermitteln soll. Da Flusskrebse eigentlich keine Artgenossen nahe an sich heranlassen und jeden Körperkontakt vermeiden, ist es notwendig, dass die Partner sexuell stimuliert werden und gleichzeitig die Aggression reduziert wird. Nur so wird es möglich, dass das Männchen die Partnerin mit den Scheren festhält und es auf den Rücken oder die Seite dreht, ohne dass es zu heftigen Abwehrbewegungen des Weibchens kommt. Die Schreitbeine verschränken sich über der Partnerin. Eine zusätzliche Fixierung dieser Kopulationsstellung wird durch das Einhängen der Ischium-Haken der Männchen in den Gelenkshäuten der Weibchen erreicht. Diese Ischium-Haken, wie auch das Anulus ventralis, fehlen bei den Astacidae völlig!

Die Begattung dauert bei *Procambarus* ungefähr 15 Minuten, bei anderen Ordnungen wie *Orconectes* konnten wir schon Kopulationen über 24 Stunden Dauer feststellen. Danach lösen sich die Partner voneinander. Je nach Krebsart werden die Eier kurz nach der Paarung (einige Stunden) oder aber auch erst Monate später ausgestoßen und befruchtet. Dies ist auch möglich, weil die Spermien im Receptaculum seminis gut geschützt aufbewahrt sind. Bei *Orconectes*-Arten in kühlen Regionen erfolgt die Paarung im Herbst, der Eiausstoß erfolgt im Frühjahr (etwa April), die Eientwicklung geht dann sehr rasch vor sich.

Der Eiausstoß erfolgt wie bei den *Astacidae* beschrieben. Auch hier wird jedes Ei durch einen Stiel oder Faden, dem Funiculus, der aus dem aushärtenden Schleim besteht, angeheftet. Nicht befruchtete oder abgestorbene Eier werden meist von den Weibchen gefressen, da sie sonst nach einiger Zeit verpilzen. Leidet das Weibchen wegen hoher innerartlicher Dichte oder permanenter Störungen durch einen ungeduldigen Aquarianer an Stress, vernachlässigt sie die Pflege der Eier. Diese verpilzen dann schnell und sterben ab.

Unbefruchtete Eier bei *Procambarus* sp.

Der Schlupfvorgang läuft ebenso ab wie bei den *Astacidae*. Die Eikapsel reißt auf und eine Krebslarve schlüpft, die mit dem Telsonfaden in der Eihülle hängt oder sich später aktiv am Muttertier festhält. Die Larven sind nicht so weit entwickelt wie bei unseren heimischen Krebsen und brauchen zwei Häutungen bis zum fertigen Jungkrebs.

Der Marmorkrebs vermehrt sich durch Parthenogenese.

Als Besonderheit sei hier erwähnt, dass bei einer *Procambarus*-Art der wissenschaftliche Nachweis von Parthenogenese, also der Vermehrung ohne Männchen, geführt wurde (siehe auch Mamorkrebs).

Paarung bei Parastacidae der Südhalbkugel

Bei einigen Arten dieser Familie weiß man über den Ablauf der Paarung so gut wie nichts, weil es sich um bodenbewohnende Arten handelt, die nur schwer zu beobachten sind. Bei anderen läuft die Paarung sehr ähnlich wie bei unseren Flusskrebsen ab. Deutlichster Unterschied zu den Krebsen der Nordhalbkugel (Familie der Astacidae und Cambaridae) ist, dass die Männchen keine Gonopoden ausgebildet haben. Die Geschlechtsunterscheidung kann anhand der Gonopoden vorgenommen werden. Hierbei ist zu beachten, dass es immer wieder Individuen gibt, die zum Teil männliche und weibliche Gonoporen aufweisen, obgleich diese nicht funktionell sind (oder sein müssen). Es gibt aber auch transsexuelle Tiere, Zwitter und auch potandrischen Hermaphrodismus. Hierbei verändern die Tiere ihr Geschlecht im Verlauf des Lebens von Männchen zu Weibchen.

Im Gegensatz zu anderen Flusskrebsen läuft die Paarung von *Cherax*-Arten meist im Verborgenen ab und nur wenige konnten eine solche bisher beobachten. Parastacidae besitzen weder Gonopoden noch einen Anulus ventralis bei den Weibchen. Die Begattung erfolgt, indem die Tiere bauchseitig beieinander liegen. Dies geschieht bei Dunkelheit oder in einer geräumigen Höhle, die sich die Tiere manchmal über einen längeren Zeitraum teilen. Meist bemerkt man eine erfolgte Paarung erst, wenn die Weibchen die Eier am Hinterleib tragen. Man sollte die Tiere in dieser Phase auch keinesfalls stören, denn sie sind sehr empfindlich und fressen beim geringsten Anlass das Gelege auf oder vernachlässigen dieses, was zum Absterben der

Kurz nach der Eiablage wird das Pleon zusammengeklappt.

Regelmäßig reinigt das Weibchen die Eier.

Nach einigen Tagen kann man die deutliche Entwicklung der Eier sehen.

Die Larven haften an den Schwimmfüßchen des Weibchens.

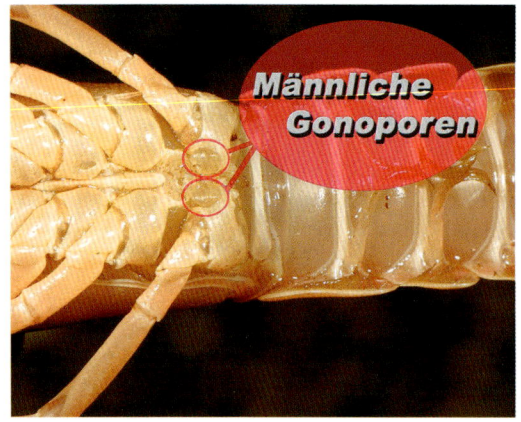

Geschlechtsöffnungen Parastacidae, *Cherax* sp., Männchen.

Geschlechtsöffnungen Parastacidae, *Cherax* sp., Weibchen.

Jungtiere (Larven) von
Cherax quadricarinatus.

Eier oder später der Larven führt. Bei *Cherax destructor*, dem Yabby, zeigen die Partner intensive Kontaktaufnahme mit den Fühlern, wobei beide Geschlechter an diesem Antennenritual beteiligt sind. Das Weibchen legt sich nach einiger Zeit auf den Rücken und ermöglicht damit dem Männchen, sie zu besteigen. Dann werden die Spermatophoren an der Unterseite des Hinterleibes und zwischen den Schreitbeinen des Weibchens, wo sich auch die Austrittsöffnungen der Eileiter (Gonoporen) befinden, angeheftet. Die

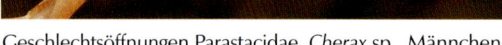

Eier werden dann innerhalb weniger Minuten bis Wochen später ausgestoßen. Der Vorgang verläuft wie bei den anderen Flusskrebsen, indem zuerst ein austretender Schleim an der Unterseite des Hinterleibes das so genannte Schleimzelt bildet, dann die Eier in diese geschützte Kammer austreten und befruchtet werden.

Nach dem Anheften der Eier an die Schwimmbeinchen löst sich der Schleim allmählich auf und die Eier bleiben bis zum Schlupf der Larven am Hinterleib, wo sie von den Weibchen gepflegt werden. Durch die Häutung werden die Larven zu Jungkrebsen und verlassen dann das Muttertier.

Die Jungkrebse

Die Jungkrebse sind nicht nur durch adulte Artgenossen, sondern auch durch ihre Geschwister gefährdet, da sie bei beengten Verhältnissen und bei Nahrungsmangel oder Mangelernährung zu Kannibalismus neigen. Im Aquarium sind diese Faktoren besonders zu beachten, sonst kommt es durch das häufige Häuten, das für das rasche Jugendwachstum typisch ist, zu starken Ausfällen. Besonders als weicher, ungeschützter Butterkrebs (s. Kap. Wachstum, Häutung, Fütterung) sind die Tiere gegenüber den Angriffen der Artgenossen schutzlos. Man muss ihnen ein möglichst großes Aquarium mit reichlich Versteckmöglichkeiten und guter Strukturierung zur Verfügung stellen. Wir verwenden dafür je nach Art gelochte Ziegelsteine und dichte Wasserpflanzenpolster.

Jungtier von *Cambarus manningi* im Versteck.

Wachstum, Häutung, Ernährung

Wachstum

Flusskrebse haben ein sehr hartes Außenskelett (Exoskelett) und können aus diesem Grund nicht kontinuierlich wachsen, wie etwa Fische. Sie machen bei den so genannten Häutungen (oder Schälungen) sprunghafte Wachstumsschübe durch. Sie sind auch nie ausgewachsen, sondern werden ihr ganzes Leben lang mit jeder Häutung immer größer. Das Jugendwachstum ist naturgemäß rascher und der relative Gewichts- und Größenzuwachs pro Häutung ist hierbei größer als im hohen Alter. Sehr alte Krebse häuten sich manchmal ohne erkennbaren Zuwachs, nur um ihre dann oft schon verwachsenen und von Einzellern und Algen zugewucherten Panzer zu erneuern. Jede Häutung ist ein sehr gefährlicher Moment im Leben des Krebses. Oft ist daher eine missglückte Häutung auch das Lebensende für einen Flusskrebs. Man könnte auch behaupten, das Alter eines Krebses wird nicht in Jahren gezählt sondern ist durch die Anzahl der möglichen Häutungen, die er unbeschadet überleben kann, begrenzt. In der Praxis bedeutet dies, dass Flusskrebse, die für ihre Verhältnisse in warmer Umgebung (jedoch immer noch im Rahmen ihrer Ansprüche) gehalten werden, kürzer leben als Artgenossen, welche an der unteren Grenze ihrer Temperaturansprüche existieren. Beim heimischen Edelkrebs (*Astacus astacus*) schwankt daher die Lebenserwartung zwischen 10 und 20 Jahren.

Häutung

Die Häutung ist ein durch das Hormon Ecdyson (Häutungshormon der Athropoda) gesteuerter Vorgang. Ecdyson kann vom Krebs nicht selbstständig produziert werden, sondern muss (oder die Vorgängersubstanz Colesterol, aus welcher es synthetisiert werden kann) mit der Nahrung aufgenommen werden (s. Kap. Fütterung und Ernährung). Der Gegenspieler des Häutungshormons wird in den Augenstieldrüsen produziert und verhindert, dass es fortwährend zu Häutungen kommt.

Wird der alte Panzer aber zu eng, muss er abgestreift werden, um einem neuen, größeren Platz zu machen. Zu diesem Zweck wird das Exoskelett weicher und elastischer gemacht, indem durch hormonell gesteuerte Stoffwechselvorgänge Kalk ausgelagert wird. Ist dieser Vorgang abgeschlossen und der alte Panzer weich genug, kann der Krebs aus seiner alten Haut schlüpfen. Dies beginnt damit, dass zwischen Carapax und Abdomen am Rücken die

Cambarus maculatus kurz nach der Häutung.

Der Krebs nimmt bei der Häutung eine leicht seitliche Haltung ein.

Die vorher schon leicht aufgeplatzte Verbindung zwischen Carapax und Abdomen vergrößert sich und der Rückenpanzer klappt nach vorne auf.

Parallel dazu platzen auch die engen Panzerabschnitte an den Scheren und Schreitbeinen in Längsrichtung auf.

Durch rhythmisches Pumpen versucht der Krebs sich aus dem alten Panzer zu ziehen und seine Scheren und Beine aus der engen Hülle zu befreien.

Der Carapax hebt sich immer weiter nach vorne ab und gibt zuerst den Kopf mit den Augen und Antennen frei.

Erschöpft von den Anstrengungen der Häutung sucht er sein nahes Versteck auf oder kommt nicht weit davon zur Ruhe.

Exuvie von *Procambarus alleni*.

Haut aufplatzt, der Brustpanzer sich nach vorne abhebt und sich der Krebs langsam durch pumpende Bewegungen aus seinem Panzer herausschiebt. Bei den großen Scheren muss die voluminöse Muskelmasse durch die engen, röhrenförmigen Beinsegmente herausgezogen werden. Dazu reißen diese Segmente der Länge nach auf, um den Vorgang überhaupt zu ermöglichen. Es werden alle Körperanhänge (Gliedmaßen) wie die Fühler, die Schwimmbeinchen am Hinterleib und der Schwanzfächer sowie Teile des Magens mit gehäutet.

Hat es der Krebs geschafft, seinen Kopf und Rumpf aus dem Carapax zu befreien, seine Beine und Scheren aus den alten Röhren herauszuziehen, befreit er sich mit einigen heftigen Schwanzschlägen auch von der alten Hülle seines Hinterleibes. Er sitzt dann erschöpft neben seinem alten Panzer, der so genannten Exuvie.

Der frisch gehäutete Krebs wird Butterkrebs genannt.

Unter dem alten Panzer muss natürlich bereits der neue vorhanden sein. Die technische Schwierigkeit besteht nun darin, etwas Größeres unter der Schutzhülle des Kleineren heranwachsen zu lassen. Dieses Problem hat die Evolution perfekt gelöst, indem der neue Panzer sehr weich und elastisch ist und nach dem Häutungsvorgang durch Aufnahme von Wasser und durch das Lymphsystem regelrecht aufgepumpt wird. Erst danach härtet der Panzer allmählich aus. Der Flusskrebs ist am Anfang kaum fähig, auf seinen Beinen zu laufen. Nähert sich ein anderer Krebs oder gar ein Fressfeind, versucht der so genannte Butter-

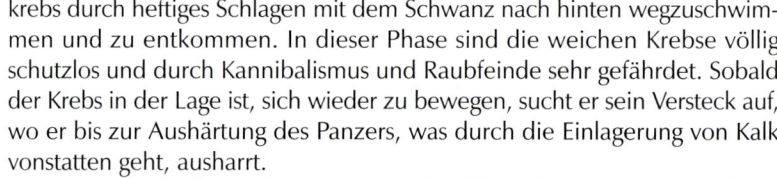

krebs durch heftiges Schlagen mit dem Schwanz nach hinten wegzuschwimmen und zu entkommen. In dieser Phase sind die weichen Krebse völlig schutzlos und durch Kannibalismus und Raubfeinde sehr gefährdet. Sobald der Krebs in der Lage ist, sich wieder zu bewegen, sucht er sein Versteck auf, wo er bis zur Aushärtung des Panzers, was durch die Einlagerung von Kalk vonstatten geht, ausharrt.

Die Häutung oder auch Ecdysis ist ein hochkomplizierter Vorgang, der je nach Wassertemperatur und Stoffwechselintensität bis zu zwei Wochen in Anspruch nimmt. Dabei nimmt die Häutungsvorbereitung, die hormonell ausgelöst wird, den größten Teil in Anspruch. Die Aushärtung kann von einigen Stunden bis zu zwei Tagen brauchen. Der mechanische Vorgang des Herausschlüpfens sollte in wenigen Minuten abgeschlossen sein. Dauert diese für uns sichtbare Häutung länger, ist dies ein Anzeichen für auftretende Schwierigkeiten. Bei größeren und älteren Krebsen hängen diese meist mit den großen Scherenmuskeln in den alten Beinröhren fest, wenn diese nicht längs aufgeplatzt sind. Manchmal stoßen die Tiere ihre Scheren ab, um zu überleben. Geschieht dies nicht, hilft es meist auch nichts, wenn man diesen Defekt chirurgisch behebt, indem man die zu engen Panzerstellen mit einer feinen Schere aufschneidet. Die Tiere sind meistens nicht zu retten, weil dieser Häutungsdefekt nicht die Ursache, sondern die Folge eines anderen Problems oder ganz einfach des Alters ist. Während der Häutung können Flusskrebse auch nicht atmen, weil die Kiemen als Anhänge der Beine (s. Kap. Körperbau) ebenfalls mitgehäutet werden. Aus diesem Grund sterben sie bei längerer Dauer an Erschöpfung und Sauerstoffmangel.

Den benötigten Kalk für die Aushärtung können Flusskrebse in kalkreichem, hartem Wasser über ihre Kiemen oder die Nahrung aufnehmen. Dann kann man nach der Häutung den Magenstein (Gastrolith) des Krebses finden, der bei Nichtgebrauch ausgewürgt wird. Er stellt ein Kalkdepot für die Aushärtung nach der Häutung dar. In sauren, kalkarmen und weichen Gewässern wird man diese Gastrolithen nie nach einer Häutung finden, da sie von den Tieren aufgebraucht werden. Stirbt ein Krebs oder wird von Artgenossen oder Kleinlebewesen gefressen, bleibt dieser Magenstein zurück. Früher schrieb man ihnen große Heilkräfte zu, sie wurden auch Krebsaugen genannt und in der Humanmedizin verwendet.

Man sollte die Exuvie nicht aus dem Becken entfernen, da sie von den Krebsen völlig verspeist wird. Sind mehrere Tiere in einem Aquarium, wird der Häutungsrest von den anderen Krebsen zerlegt, bevor das gehäutete Tier so weit ausgehärtet ist, dass es seine Kieferfüße wieder verwenden kann. Wenn man unbedingt ein Souvenir von einer Krebshäutung aufheben will, kann man die großen Scheren herausnehmen und trocknen. Den Rest sollte man aber im Becken belassen.

Gastrolithen oder Magensteine.

Ernährung

Da Flusskrebse die unterschiedlichsten Lebensräume besiedeln, sind allgemeine Aussagen naturgemäß schwierig. Sie sind meist omnivor, das heißt, sie nehmen sowohl pflanzliche als auch tierische Nahrung zu sich. Von den meisten Arten wird jegliche organische Substanz gefressen. Die folgende Aufzählung erhebt keinen Anspruch auf Vollständigkeit, sie soll nur die Vielseitigkeit und Anpassungsfähigkeit dieser Tiere in der Ernährung verdeutlichen: moderndes Holz, Detritus, Algen, Pilze, Bakterienrasen, Wasserpflanzen, Herbstlaub, emerse Pflanzen, Früchte, Samen, Insekten, Krebstiere, Würmer, Mollusken, Fische und andere Wirbeltiere. Je nach Art und Lebensalter und natürlich auch dem vorhandenen saisonalen Angebot,

Orconectes neglectus beim Verzehr eines Eichenblattes.

Cambarus diogenes verlässt den Krebsbau zur Futtersuche.

ernähren sich die Krebse mal mehr carnivor oder herbivor. Allgemein ist zu sagen, dass für die meisten Krebsarten Insektenlarven und Wasserschnecken zu den Favoriten bei der fleischlichen Kost zählen. Auch Fischfleisch wird gerne angenommen, wobei die wenigsten Arten zu Fischjägern werden, sondern sich auf die Beseitigung frischer toter Tiere beschränken. Die oft verbreitete Aussage, Flusskrebse wären Aasfresser, trifft nicht zu. Flusskrebse lieben zwar verrottende Pflanzen als Nahrungsbestandteil, anrüchiges Fleisch aber verschmähen sie.

Die Flusskrebse aus den gemäßigten Breiten nehmen bei tiefen Temperaturen wenig bis keine Nahrung zu sich. Dies liegt nicht unbedingt an den Wassertemperaturen, sondern ist auch auf das naturgemäß sehr geringe Angebot in der kalten Jahreszeit zurückzuführen. Es lohnt sich in einem natürlichen Wintergewässer kaum, stundenlang auf Nahrungssuche zu gehen, viel Energie zu verbrauchen und nur sehr wenig Fressbares zu finden. Die Energiebilanz wäre negativ, und aus diesem Grund sitzen die Krebse in ihren Verstecken und warten auf bessere Zeiten. Fällt aber durch Zufall Nahrung in nächster Umgebung an, wird diese auch in der kalten Jahreszeit angenommen.

Krebse haben auch die Möglichkeit, bei Nahrungsmangel im Gewässer das trockene Ufer nach Fressbarem abzusuchen. Da sie atmosphärische Luft atmen können, verlassen sie in diesem Fall das Wasser und fressen nachts an der Ufervegetation oder sammeln Insekten oder Schnecken, die sie überwältigen und verzehren.

Bei vielen Krebsarten, besonders den bodenlebenden, grabenden Arten und auch bei Höhlenkrebsen ist noch nicht genau abgeklärt, wovon sie sich ernähren. Flusskrebse haben auch die Möglichkeit, tierisches und pflanzliches Plankton aus dem Wasser zu filtrieren. Vor allem Jungkrebse fangen so ihre erste tierische Beute, kleine Planktonkrebse, was für ihr Wachstum förderlich ist. Auf diese Weise kommen die Jungkrebse auch an das Häutungshormon Ecdyson, das für eine problemlose Häutung unverzichtbar ist.

Die Tiere lieben abwechslungsreiche Nahrung, sie sind Opportunisten, was wir auch bei der Fütterung unter aquaristischen Bedingungen beachten sollten.

Fütterung

Flusskrebse scheinen auf den ersten Blick leicht zu ernährende Pfleglinge zu sein. Da die Mehrzahl der Arten Allesfresser sind, trifft das, unter Beachtung einiger wesentlicher Punkte auf die meisten Arten zu.

Krebse lieben Abwechslung bei den angebotenen Futtermitteln. Immer das selbe sagt ihnen auf Dauer nicht zu. Auch die Ausgewogenheit der Ernährung zwischen vegetarischen und proteinhaltigen Anteilen ist von großer Bedeutung, schwankt aber zwischen den einzelnen Arten erheblich. Einerseits kann durch ausreichende Gabe von eiweißhaltigem Futter der Kannibalismus (wenn die Besatzdichte stimmt) eingedämmt werden, andererseits sind auch die gepflegten Wasserpflanzen durch die Gabe von vegetarischer Kost besser über die Runden zu bringen.

Bei der Fütterung sollte immer daran gedacht werden, dass Flusskrebse bei der Nahrungsaufnahme sehr verschwenderisch umgehen. Die Nahrung wird mit den Kieferfüßen festgehalten und mit den Mandibeln zerkleinert. Durch einen sehr kurzen Schlund werden die Nahrungsteile in den Vormagen verbracht und dort zerrieben. Erst dieser feine Nahrungsbrei wird an den Verdauungstrakt weitergereicht. Dabei steigen bei manchen Futtersorten regelrechte Wolken von feinsten Futterteilchen auf, die vom Krebs nicht genutzt werden und daher das Wasser belasten können.

Geeignete Futtermittel

Flocken

Die meisten im Handel angebotenen Flockenfutter werden von Flusskrebsen gerne gefressen, wenn sie untergehen oder die Krebse die Möglichkeit haben, sie an der Oberfläche abzufangen. Das gleiche gilt auch für Futtersticks etc. Einige Firmen haben auch speziell auf Krebse abgestimmte Futtermischungen in ihrem Programm.

Orconectes medius erbeutet einen toten Fisch.

Pellets

Auch für im Handel erhältliches Pelletfutter gilt das für Flockenfutter gesagte. Hierbei ist von Vorteil, wenn das Futtermittel im Wasser einige Zeit seine Form behält und nicht zu rasch zerfällt. Auch proteinhaltige Futtermittel aus der Aquakultur (z.B. für Forellen) sind gut geeignet. Hier ist nur das Problem, dass diese nicht in kleinen Mengen angeboten werden und deren Haltbarkeit auch nur auf sechs Monate begrenzt ist. Die wenigsten Aquarianer werden einen 25-kg-Sack in dieser Zeit aufbrauchen können.

Frostfutter

Insekten, Mücken, Mysis, Garnelen, Krebsfleisch, Fisch

Rind, Geflügel, Leber

In der Aquaristik wird die Verfütterung von Futter oder Futterkomponenten aus Säugetieren oftmals abgelehnt. Neben den fachlichen Argumenten finden sich auch fast immer ideologisch-fundamentalistische Ansichten dazu. Wie immer man dazu stehen mag, Flusskrebse sind nun mal omnivor, fressen also auch tierische Proteine. Dabei sind sie nicht wählerisch, auch in der Natur werden Säugetiere verzehrt (allerdings nicht gejagt). Abgesehen davon ist die weit verbreitete Ansicht, dass man am besten jene Nahrung, die es auch in der Natur gibt, in der Pflege anbietet, leider nicht völlig ohne Risiko. Denn je natürlicher und frischer die angebotene Nahrung ist, umso eher bringt man sich damit auch all jene Problemchen mit ins Becken, die in der Natur sehr wohl ihre selektiven Aufgaben erfüllen, in einem Aquarium aber unerwünscht und nicht tolerierbar sind. (Siehe dazu den nächsten Abschnitt und auch das Kap. Krankheiten).

Garnelen, Mysis und andere Krebstiere

Viele Flusskrebse sind starke Kannibalen, und selbst Arten, welche diese Vorliebe nicht zeigen, sind von fleischlicher Kost, die aus anderen Krebstieren (Garnelen, Krabben, Niedere Krebse) besteht, begeistert. Dieser Nahrungsanteil ist auch ein wesentlicher Lieferant für wichtige Komponenten und Hormone, welche die Tiere bei der Häutung benötigen. Aus diesem Grund wäre es vorteilhaft, immer wieder Krebsfleisch anzubieten. Dabei ist jedoch zu beachten, dass es leider einige Krankheiten gibt, die auch zwischen sehr verschiedenartigen Crustaceen (Mysidaceen – Schwebegarnelen; Caridea – Garnelen; Brachyura – Krabben, Astacidea – Langschwanzkrebse...) übertragbar sind, vor allem unter den Bakterien und Viren. Dies kann auch von marinen Arten auf unsere Süßwasser bewohnenden Flusskrebse geschehen! Dabei sollte man beachten: Je näher die gepflegte Art mit dem Futtertier verwandt ist, umso gefährlicher ist die Sache. Stammen Tiere aus Aquakulturbetrieben (z.B. viele der Garnelenschwänze, die im Lebensmittelhandel angeboten werden) ist die Gefahr höher als bei Wildfängen. Am besten ist es, alle Krebstiere im weitesten Sinn nur gekocht anzubieten. Einfrieren hilft hier nicht, Bakterien und vor allem Viren werden dadurch nicht abgetötet!

Gemüse

Erbsen, (Dose, frisch, tiefgekühlt) Karotten (roh), Zucchini und Gurke (roh), Spinat (frisch oder gefrostet) und Salat. Diese Art von pflanzlicher Kost sollte man am besten aus dem eigenen Garten oder aus biologischem Anbau verwenden, um die Gefahr durch Spritzmittel zu minimieren. Ist das nicht möglich, sollte man Gemüse schälen und dann ebenso wie Salat und anderes Blattgemüse gründlich waschen. Selbst geringste Spuren von Insektiziden können verheerende Wirkungen auf Flusskrebse haben. Um sich eine Vorstellung darüber machen zu können, wie sensibel Flusskrebse auf Pestizide reagieren, sei eine Untersuchung aufgeführt, bei der drei Gramm eines Insektizides auf 10.000 mΔ Wasser genügten, um alle Krebse zu töten. Dazu sei ein Vorkommnis aus der Praxis erwähnt. Wir füttern in der Regel nur Salat aus biologischem (eigenem) Anbau. Bei der Verfütterung von normalem Supermarktsalat mussten wir heftige Reaktionen der Krebse erleben. In einem 150-Liter-Becken wurde ein Salatblatt beschwert und versenkt. Wenige Sekunden danach schossen alle Krebse aus ihren Verstecken, liefen hektisch herum und versuchten am Filter, in den Ecken und an der Dekoration panisch das Wasser zu verlassen. Nach dem sofortigen Entfernen des Salatblattes und einem Wasserwechsel beruhigten sich die Tiere und zeigten wieder normales Verhalten. Ein ähnliches Verhalten kann man auch beobachten, wenn man eine besondere, seltene Delikatesse anbietet. Dabei schießen die Krebse auch aus ihren Verstecken hervor, versuchen allerdings nicht zu fliehen sondern stürzen sich auf die Leckerei. Da viele Gemüsesorten schwimmen, sollte man wegen der leichteren Erreichbarkeit eine Beschwerung vornehmen. Dazu kann man das Gemüse an einen Scheibenmagneten binden und diesen dann bis zum Boden führen. Es gibt auch Glas- oder Edelstahlgewichte zum Beschweren von Tischtüchern, die mit einer Klemme ausgestattet sind, die man für diesen Fall zweckentfremden kann. Auch

Cherax sp. „blue brick".

Edelstahlschrauben, ins Gemüse gedreht, sind eine Möglichkeit. Der Nachteil hierbei ist, dass man die Gewichte wieder mühselig aus dem Aquarium fischen muss (wenn man sie findet). Der Scheibenmagnet bleibt jedoch an seinem Platz und kann leicht wieder hoch geholt werden. Bleistreifen oder normale Eisenschrauben sollte man wegen Oxidation und Abgabe von Schadstoffen ans Wasser nicht verwenden.

Getreide

Vor allem Weizen und Mais werden von den meisten Krebsen gerne angenommen. Der Vorteil dieser Futtermittel ist, dass sie sehr billig, lange haltbar und leicht lagerbar sind. Auch im Aquarium können sie einige Tage verbleiben, ohne das Wasser gleich stark zu belasten. Wenn die Körner nicht gefressen werden sollten und verpilzen, müssen sie entfernt werden. Das Getreide kann man ungebrochen und roh ins Becken geben, selbst kleine Krebse sind in der Lage, die harten Maiskörner zu zernagen. Es ist nicht notwendig, dass Getreide vorher gequollen oder gar gekocht wird.

Kaninchenpellets

Dieses Futtermittel aus der Kleintierhaltung hat viele Anhänger bei Garnelen- und Krebshaltern gefunden. Geringe Mengen Kupfer im Futter sind notwendig und unschädlich, obgleich z.B. viele Wirbellose, darunter auch Krebstiere, auf freies Kupfer im Wasser empfindlich reagieren.

Grünfutter

Während der Sommermonate kann man auch Grünpflanzen sammeln und diese den Krebsen anbieten. Löwenzahn eignet sich ebenso wie kleine Zweige mit frischen Blättern von Weiden oder Erlen. Schwimmende Pflanzenteile, wie beim Gemüse beschrieben handhaben.

Herbstlaub

In der Natur ist das Laub der Ufergehölze sehr oft ein wesentlicher Bestandteil der Ernährung von Flusskrebsen. In vielen Fließgewässern gibt es keine Makrophyten und dort decken die Krebse ihren vegetarischen Bedarf fast ausschließlich aus dieser Quelle. In der Aquaristik sollte man unbedingt immer wieder Herbstlaub anbieten, da neben dem Faktor Ernährung auch andere positive Effekte einer Gabe bestimmter Laubsorten bemerkbar sind (s. Kap. Krankheiten).

Besonders bewährt haben sich unter den heimischen Baumarten natürlich die in Wassernähe vorkommenden Weiden und Erlen, aber auch Eichenblätter (sehr beliebt) und Rotbuche (weniger beliebt) finden bei uns Verwendung. Die Blätter geben je nach Verrottungszustand auch Huminsäuren ans Wasser ab, meist färben sie es auch etwas bräunlich. Die Blätter werden vollständig von den Krebsen aufgenommen. Manche Arten warten, bis sie einen gewissen Verrottungsgrad erreicht haben, andere nehmen auch die frisch gewässerten Blätter auf. Man sollte nur Laub aus unbelasteten Gebieten verwenden (nicht in der Großstadt in einer Allee sammeln). Man kann das Herbstlaub waschen und dann trocknen und so lange Zeit aufheben, oder aber auch im feuchten Zustand portionsweise einfrieren.

Lebendfutter aus der Aquaristik

Mückenlarven: Alle, die zu Boden sinken, wie Rote Mückenlarven. Schwarze Mückenlarven schwimmen sehr ausdauernd und werden daher von den Krebsen nicht restlos erwischt, was zu lästigem Gesumme in der Wohnung führen kann. Das gleiche gilt für Büschelmückenlarven (weiße Mückenlarven), da diese aber keine Stechmücken sind, gibt es wenigsten keine Attacken auf die Aquarianer.

Tubifex: Auch die Bachröhrenwürmer werden fallweise als problematisches Futtermittel (weil mit Umweltgiften belastet) betrachtet. Wir verfüttern diese Tiere aber seit langem. Allerdings werden die Würmer einige Zeit unter Fließwasser gehältert und dann in solchen Mengen in die Becken gegeben, dass nicht alle auf einmal gefressen werden können. Sie leben dann im Boden weiter und können nach und nach von den Krebsen, die diese Beschäftigung lieben, gesucht und ausgegraben werden. Ob man die Grabtätigkeit in einem Wohnzimmeraquarium noch fördern will, muss jeder selbst entscheiden. In unseren Krebsaquarien sind Tubifex für die Flusskrebse ein interessantes und spannendes gelegentliches Zusatzfutter.

Anderes Lebendfutter

Tümpelfutter: Hierbei sollte man darauf achten, dass man Tümpelfutter nur aus Gewässern entnimmt, in welchen keine Flusskrebse leben, um die Gefahr einer Krankheitsübertragung möglichst gering zu halten. Beim Sammeln von diesen Futtertieren aus Freigewässern sind auch die jeweiligen landesrechtlichen Bestimmungen (Naturschutz und Fischereiwesen) zu beachten!

Regenwürmer: Eine Delikatesse für viele Flusskrebsarten. Lockt oft Tiere aus ihrem Versteck, die man schon lange nicht mehr gesehen hat. Nicht aus intensiv gedüngtem und gespritztem Boden nehmen. Es gehen auch Kompostwürmer (Mistwürmer), wenn man über die Qualität des Komposthaufens in Hinsicht auf chemische Belastungen Bescheid weiß.

Kannibalismus

Kannibalismus ist bei den meisten Krebsen weit verbreitet. Frischtote Artgenossen werden verspeist, bei vielen Arten werden auch geschwächte Tiere (z.B. nach einer missglückten Häutung) überwältigt oder angefressen. Einige Arten entwickeln sich im Alter zu regelrechten Jägern, die kleinere Artgenossen fangen und verzehren, vor allem bei Mangel an anderen Proteinen. In Freigewässern ist dies bei fehlenden Fressfeinden und ausufernden Dichten einer der letzten Regelmechanismen, um das ungehemmte Wachstum der Population zu bremsen. Kannibalismus hat den entscheidenden Vorteil, dass das Eiweiß genau in der Zusammensetzung vorliegt, wie man es selbst braucht. Er hat aber auch einen gravierenden Nachteil: Mögliche Krankheiten oder Parasiten werden auf diesem Weg zielgenau weiter verbreitet. Durch eine ausgewogene, proteinhaltige Fütterung kann man Kannibalismus zwar reduzieren, bei manchen Arten aber nicht restlos hintanhalten.

Verhalten

Flusskrebse zeigen je nach Art unterschiedliche und vielfältige Verhaltensweisen. Sehr viele davon kann man auch im Aquarium beobachten und immer wieder Überraschendes entdecken. Flusskrebse werden für verschiedene Untersuchungen zum besseren Verständnis des Nervensystems und in der Aggressionsforschung verwendet, da die Tiere ein einfaches aber hocheffektives, leicht zugängliches (für den Forscher) Nervensystem haben. Daher mehren sich in den letzten Jahren die Untersuchungen auf diesem Gebiet.

Paarungsverhalten

Besonders auffällig bei vielen Arten ist natürlich das Paarungsverhalten. Im Kapitel Vermehrung wird dieses Verhalten für die einzelnen Familien genauer beschrieben, weil es bei den Astacidae, Cambaridae und Parastacidae jeweils etwas unterschiedlich abläuft.

Aggressives Verhalten

Auseinandersetzungen unter Flusskrebsen aus den unterschiedlichsten Gründen sind an der Tagesordnung. Krebse sind Einzelgänger und haben sehr wenig Bedarf an sozialen Kontakten. Bei einer Begegnung gibt es meistens einen Sieger und einen Unterlegenen. Nicht immer wird diese Auseinandersetzung auch als Kampf ausgetragen, manchmal genügt das Anheben der Scheren, und der Kontrahent weicht zurück, oder es gibt einen Schiebekampf. Heftige Streitigkeiten gibt es um seltene, besonders wertvolle Nahrungsmittel und natürlich unter Männchen während der Paarungszeit. Hierbei kann es auch zu ernsten Beschädigungen, wie den Verlust von Gliedmaßen kommen. Das Ausmaß von Aggression ist von Art zu Art unterschiedlich ausgeprägt. Es gibt aber auch innerhalb einer Art große Unterschiede zwischen den Individuen. Selbst bei friedlichen Arten wie den Zwergflusskrebsen gibt es Überraschungen. Wir haben von einem Besitzer nach einem Tag ein Cambarellus-Männchen zurück bekommen, weil dieses gerade mal zwei Zentimer große Krebschen alle Artgenossen und Zwerggarnelen in dem Becken angegriffen und totale Unruhe in das Becken gebracht hatte.

Erstaunlich friedlich sind viele der australischen Krebsarten, bei denen es vorkommt, dass sich zwei Tiere eine Wohnhöhle teilen und engen Körperkontakt pflegen, was bei den gepanzerten Gesellen eher ungewöhnlich ist.

Schlafen Krebse?

Ein unerwartete Verhaltensweise, die erst in jüngster Zeit wissenschaftlich untersucht wurde, ist eine Art Schlafen der Krebse. Dazu legen sich die Tiere auf die Seite und liegen völlig regungslos da (auch kurz vor der Häutung nehmen die Tiere diese Stellung ein). Man bekommt einen Schrecken, wenn man dies das erste Mal bemerkt, denn es sieht aus, als wäre das Tier verendet. Auf optische Reize reagieren die Tiere nicht, auch leichtes Klopfen an die Scheibe stört sie oft nicht. Erst wenn man sie berührt, nehmen sie wieder die Normalstellung ein, gehen gleich in Verteidigungsstellung mit erhobenen Scheren oder flüchten erschrocken durch Wegschwimmen.

Regloses Verharren

Ähnlich ist es mit einer Art Dösen der Tiere. Hierbei kommen verschiedene Ursachen in Frage. Manchmal ist es ein Ausruhen. Dabei sitzen die Tiere in Normalstellung, bewegen sich aber kaum. Diese Stellung nehmen sie auch ein, wenn der Sauerstoffgehalt für die jeweilige Art zu niedrig ist oder andere erhöhte Wasserbelastungen vorliegen. Man kann leicht überprüfen, welche Ursache vorliegt. Bietet man den Krebsen eine duftende Leckerei an, sollte Leben in die Gesellen kommen und die Nahrungssuche beginnen. Bleiben sie hingegen reglos sitzen, ist schnellstens ein Wasserwechsel angesagt, um das Problem zu beseitigen. Diese ruhende Stellung nehmen die Tiere in diesem Fall ein, um möglichst wenig Stoffwechsel und damit Sauerstoff zu verbrauchen, um den Engpass zu überdauern. Ist dieses lethargische Herumsitzen aber dauerhaft zu beobachten, liegt wahrscheinlich eine Erkrankung (siehe Kapitel Krankheiten) vor.

Oberflächenatmung

Gibt man den Krebsen (vor allem Procambarus-Arten) Gelegenheit, die Wasseroberfläche auf Pflanzen oder Rückwand etc. zu erreichen, kann man beobachten, wie die Krebse genau an der Wasseroberfläche seitlich liegen, wobei ein Teil des Carapax aus dem Wasser herausragt. Sind die Wasserpflanzen sehr dicht, kann der Eindruck entstehen, die Krebse liegen auf einem grünen Polster an der Wasserlinie und ruhen sich aus. Wir konnten dieses Verhalten auch im Freiland beobachten, dort kommt es dann vor, wenn das Wasser extrem warm und sauerstoffarm ist. Die Tiere liegen so an der Oberfläche, dass ihre Kiemen zwar feucht bleiben, aber Sauerstoff aus der Luft aufgenommen wird. In freier Wildbahn ist dies natürlich eine gefährliche Sache, weil man für Fressfeinde, vor allem Vögel, wie auf dem Präsentierteller liegt. Die Krebse sind in dieser Position aber sehr aufmerksam, nähert man sich unvorsichtig an, verschwinden sie mit einem Plätschern, das an das Wegtauchen eines Frosches erinnert, unter Wasser.

Nach der Häutung

Frisch gehäutete Tiere suchen nach der ersten Erholung von den Anstrengungen der Häutung je nach Art entweder ihr Versteck auf, oder aber versuchen, vom Boden wegzukommen und eine erhöhte Sitzwarte auf Einrichtungsgegenständen oder Wasserpflanzen einzunehmen. Der Panzer der Tiere ist in dieser Phase aber noch so weich, dass sie kaum von ihren Beinen getragen werden und es daher schwimmend versuchen. Auch aus diesem Grund ist es vorteilhaft, wenn im Aquarium viele Strukturen in unterschiedlichen Ebenen vorhanden sind. Zwergflusskrebse häuten sich sehr oft in dichten Wasserpflanzenbeständen, wenn sie im Aquarium vorhanden sind.

Geht ein Krebs rückwärts?

Der sprichwörtliche Krebsgang, nämlich die Fortbewegung im Rückwärtsgang ist eigentlich ein begrifflicher Irrtum. Keine Krebsart bewegt sich auf diese Art fort. Flusskrebse marschieren immer vorwärts, auch andere Dekapoden tun dies. Nur die Krabben bewegen sich wegen ihrer Beinstellung und den scharnierartigen Gelenken seitwärts, um hohe Geschwindigkeiten erreichen zu können.

Der Ursprung dieses Irrtums mag im Fluchtverhalten der Krebstiere liegen. Denn bei Gefahr schwimmen sie, durch kräftige Schläge des einklappenden Hinterleibes angetrieben, mit erstaunlich hohen Geschwindigkeiten nach hinten davon. Dies ist nicht nur eine unkontrollierte Fluchtbewegung, sondern ein zielgerichtetes Schwimmen. Mit den Scheren wird gesteuert und Flusskrebse können so aus einigen Metern Entfernung punktgenau ihre Wohnhöhle ansteuern. Dabei schwimmen sie nicht unbedingt eine gerade Linie, sondern legen einige Schleifen und Saltos ein, um den Angreifer zu verwirren und abzuhängen. Diese Fluchtreaktion setzt eine erstaunlich hoch entwickelte Orientierungsfähigkeit und gute räumliche Erinnerung voraus.

Orconectes neglectus im Habitat.

Krankheiten

Entgegen unserem Empfinden als Tierliebhaber sind Krankheiten ein völlig natürlicher Faktor in der Ökologie von Lebewesen und kein außergewöhnliches Ereignis. In der freien Natur steuern Krankheiten im Zusammenspiel mit anderen ökologischen Parametern die Populationsdichten von Organismen. Weitere wesentliche Faktoren in diesem Wechselspiel sind die Verfügbarkeit der Ressourcen wie Habitat, Wasser, Nahrung oder Sauerstoff und auch die Konkurrenz zu anderen Tieren, innerhalb der eigenen Art ebenso wie gegenüber artfremden Spezies.

Ob ein pathogener Erreger wie ein Pilz, Virus oder Bakterium tatsächlich eine Krankheit hervorruft und damit einen Einfluss ausüben kann, hängt immer von verschiedenen Umweltfaktoren und von den potentiellen Wirtstieren selbst ab. Hier haben wir als Tierhalter vielfältige und wirkungsvolle Möglichkeiten, das Auftreten von Krankheiten zu unterbinden, indem wir optimale Lebensverhältnisse bereitstellen und auch über eine ausgewogene Ernährung und angepasste Haltungsdichte für gute Kondition der gepflegten Tiere sorgen.

Die Folgen von Krankheiten sind in freilebenden Populationen natürliche und notwendige Regelmechanismen, die uns aber verständlicherweise bei einer Aquarienhaltung nicht willkommen sind.

Ob ein Flusskrebs beim Vorhandensein eines Krankheitserregers tatsächlich krank wird oder nicht, hängt vorerst vom Erreger selbst ab. Hier ist einerseits ausschlaggebend, wie ansteckend, vital und anpassungsfähig der Erreger ist, andererseits hängt der Krankheitsausbruch und die Schwere seines Verlaufes auch vom potentiellen Wirtstier und dessen Vitalität oder möglicher Resistenz ab. Der Zustand der Umwelt und das Vorhandensein und die Intensität von umweltbedingten Stressfaktoren haben darauf ebenfalls einen wesentlichen Einfluss. Aus diesem Grund kann das Vorhandensein eines Krankheitserregers in einer Flusskrebspopulation oder auch im Aquarium ohne große Bedeutung sein, solange die Umweltbedingungen optimal sind!

Gibt es eine Veränderung auch nur einer dieser Faktoren, kann eine Krankheit ausbrechen und der Aquarianer fragt sich, woher er den Erreger eingeschleppt hat. Sehr viele Erreger sind aber omnipresent, d.h. überall vorhanden, und warten nur auf ihre Chance, aktiv zu werden, wenn sie durch äußere Faktoren begünstigt werden, die gleichzeitig ihre Wirtstiere beeinträchtigen und schwächen (z.B. Stress durch Mitbewohner, schlechte Wasserwerte, zu hohe oder zu niedrige Temperatur, Umsetzschock, Mangelernährung etc.).

Das natürliche, immerwährende Wechselspiel zwischen Krankheit und Wirtstier, das auch zu erhöhter Vitalität der Tiere führen kann und im Verlauf der Evolution auch geführt hat, können wir allerdings bei den geringen Stückzahlen, die wir im Aquarium pflegen, nicht zulassen. Auf die positiven Aspekte dieser natürlichen Abläufe zu hoffen und sie wirken zu lassen, wäre unter den meist beengten Verhältnissen in der Aquaristik zu riskant und man sollte daher das Auftreten von Krankheiten durch Vorbeugung tunlichst gar nicht zulassen.

Leider liegen uns nur sehr wenige exakte Untersuchungen über die verschiedenen Flusskrebskrankheiten vor. Ausnahme ist die Krebspest *Aphanomyces astaci*. Sie ist die am besten untersuchte Krankheit bei wirbellosen Tieren überhaupt, da ihre Auswirkungen von enormer wirtschaftlicher Bedeutung waren und noch immer sind. Wie so oft sind nur jene Krankheiten näher untersucht, die auch in der Aquakultur auftreten und dort erhebliche wirtschaftliche Schäden verursachen können. Somit ist eine verlässliche Diagnose, aber leider auch die Therapie bei Flusskrebserkrankungen, äußerst schwierig. Bei vielen Erregern liegen keine Erfahrungswerte vor, ganz zu schweigen vom Fehlen spezieller Medikamente und erprobter Therapien.

Es ist daher viel besser, den altbekannten Spruch: „Vorbeugen ist besser als Heilen" zu beherzigen, für optimale Lebensverhältnisse seiner Pfleglinge zu sorgen und die folgenden Punkte zu beachten, um das Risiko von Erkrankungen zu minimieren:

Niemals Flusskrebse aus unterschiedlichen Lebensräumen (oder gar Kontinenten) miteinander vergesellschaften. Im Besonderen keine Nordamerikaner mit irgendwelchen anderen Krebsen zusammen halten. Auf gleichbleibend gute Wasserqualität und ausgewogene Ernährung achten. Keinen Stress durch hohe Besatzdichten hervorrufen.

Pilzkrankheiten

Krebspest

Diese wohl berühmteste Krebskrankheit wird vom Schlauchpilz *Aphanomyces astaci* aus der Familie der Oomyzeten verursacht. Der deutsche Name Krebspest nimmt Bezug auf die katastrophalen Auswirkungen, die dieser Pilz an den Flusskrebsbeständen in Europa angerichtet hat. Es ist eine verheerende Seuche, die allen europäischen Flusskrebsarten und wahrscheinlich auch alle Arten der Welt außer den nordamerikanischen Vertretern, den sicheren Tod bringt. Flusskrebse aus Nordamerika sind in Co-Evolution mit diesem Pilz entstanden und haben daher wirksame Abwehrreaktionen entwickelt. Bei allen anderen bisher ausgetesteten Arten führt diese Infektion zu einem äußerst raschen Krankheitsverlauf mit hoher Mortalität bis zu Totalausfällen ganzer Populationen.

Vermutlich wurde dieser Erreger mit infizierten, nordamerikanischen Krebsen in der zweiten Hälfte des 19ten Jahrhunderts unbeabsichtigt nach Europa eingeschleppt, wo er sich, ausgehend von der Lombardei (Norditalien) ab 1860 über ganz Europa bis weit nach Russland hinein ausbreiten konnte. Seit diesem Zeitpunkt treten bis heute im Freiland immer wieder Massensterben auf. Ohne die Einschleppung dieses unscheinbaren Pilzes von Amerika nach Europa und seiner leider verheerenden Auswirkung, hätte er wahrscheinlich bis heute keinen wissenschaftlichen Namen, weil er in seinem Ursprungsgebiet niemandem aufgefallen wäre. In Amerika ist er bis heute selbst unter Flusskrebsfachleuten kein Thema, weil es dort keinerlei Probleme damit gibt.

Die Infektion verläuft folgendermaßen: Die Krebse werden durch Zoosporen, die sich mit zwei Geißeln fortbewegen können, infiziert. Schon einen Tag nach der Infektion kann man Veränderungen am Verhaltens des Wirtstieres, wenn es sich um eine empfängliche Art handelt, feststellen. Die Tiere putzen und kratzen sich vermehrt und werden unruhig. Ähnliche Anzeichen zeigen die Tiere allerdings auch, wenn eine Häutung bevorsteht. Aber bald folgen Lähmungserscheinungen, sie taumeln herum, erschlaffen und können auch einzelne

Krebs mit Krebspest
(schlapper Krebs).

Gliedmaßen abwerfen. Nach wenigen Tagen tritt der Tod ein. Dies sollte man gar nicht abwarten, denn wenn sein Opfer stirbt, muss sich der Pilz einen neuen Wirt suchen. Da er nur wenige Tage ohne Krebs überleben kann, bildet er Unmengen neuer Zoosporen aus. Diese schwärmen auf der Suche nach einem anderen Krebs aus. Durch die hohe Anzahl der Sporen ist in

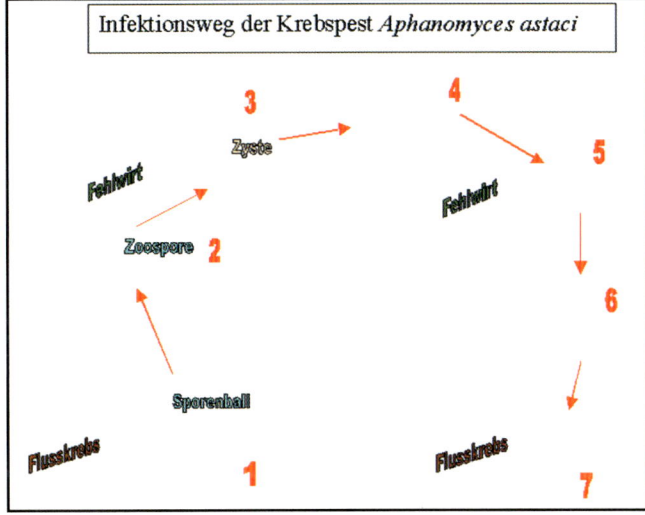

Infektionsweg der Krebspest *Aphanomyces astaci*

Der Pilz (blau) durchdringt bei einer Häutung oder beim Tod seines Wirtes die Kutikula (braun) und bildet einen Sporenball (1). Die Zoospore (2) kann sich mit zwei Geißeln aktiv fortbewegen und sucht einen neuen Wirt. Trifft die Zoospore auf organisches Material, setzt sie sich fest und bildet eine Zyste (3). Dazu muss sie die Geißeln abwerfen. Dann prüft die Zyste, ob ein Flusskrebs oder ein Fehlwirt vorliegt (4). Falls ein Fehlwirt vorliegt, Rückverwandlung in eine Zoospore; die Geißeln werden aus Zellsubstanz neu gebildet (5). Die Spore geht erneut auf Suche. Trifft sie wieder auf einen Fehlwirt (6), wiederholt sich der Vorgang. Dies kann allerdings nur 3-4 Mal geschehen, dann reicht die Zellsubstanz zur Neubildung der Geißeln nicht mehr aus und die Spore stirbt ab. Findet die Spore einen Flusskrebs (7), beginnt sie mit der Hyphenbildung und dringt in den Flusskrebs ein. Der Kreislauf ist geschlossen.

Aquarien und selbst in Teichen der Infektionsdruck enorm und die Wahrscheinlichkeit eines seuchenhaften Auftretens sehr hoch. Finden die Schwärmsporen innerhalb weniger Tage keinen neuen Wirt, sterben sie ab. Glücklicherweise bildet dieser Pilz keine Dauerstadien.

Die heute weite Verbreitung dieser Krankheit erfolgte durch die Produktion in der Aquakultur und den unsachgemäßen Besatz von Freigewässern mit nordamerikanischen Flusskrebsarten. Sie sind in der Lage, das Mycel des Pilzes einzukapseln. Dadurch kann dieser nicht ungehindert wachsen und den ganzen Körper durchwuchern, wie dies bei den weniger widerstandsfähigen Arten der Fall ist. Mit diesen eingeschlossenen Pilzhyphen kann der Krebs lange Zeit ohne jede Beeinträchtigung leben und daher zu dessen Verbreitung beitragen. Erst wenn diese Einkapselung bei einer Häutung oder durch andere mechanische Einwirkungen wie z.B. innerartliche Kämpfe oder Feindeinwirkung aufgerissen wird, können Sporen ins Wasser gelangen und neue Infektionen hervorrufen. Man kann also mit völlig gesund erscheinenden Tieren diese Seuche übertragen. Auch wenn der befallene Krebs aus anderen Gründen stirbt, muss sich der Pilz einen neuen Wirt suchen. Auch amerikanische Krebsarten können an der Krebspest sterben, wenn andere Krankheiten gleichzeitig auftreten und das Immunsystem dadurch überlastet wird. Beim Signalkrebs *Pacifastacus leniusculus* ist dies bereits nachgewiesen. Aber nicht nur mit lebenden Flusskrebsen ist eine Übertragung dieses Pilzes möglich. Auch mit anderen Wasserlebewesen wie Schnecken, Muscheln, Fischen aber auch Wasserpflanzen und dem Wasser selbst sowie mit feuchten Netzen, Behältnissen und Schläuchen können die Sporen oder die Zysten transportiert werden. Daher ist bei der Pflege verschiedener Arten peinliche Hygiene angesagt, um die Tiere nicht zu gefährden (dies gilt natürlich auch für Viren und Bakterien). Aussetzungen ins Freiland verbieten sich ohnehin, aber auch das Ausbringen von Mitbewohnern aus Krebsaquarien sollte nur nach vier bis acht Wochen Quarantäne erfolgen. Ebenso verhält es sich bei der Haltung von Krebsen im Gartenteich (s. Kap. Krebse im Gartenteich).

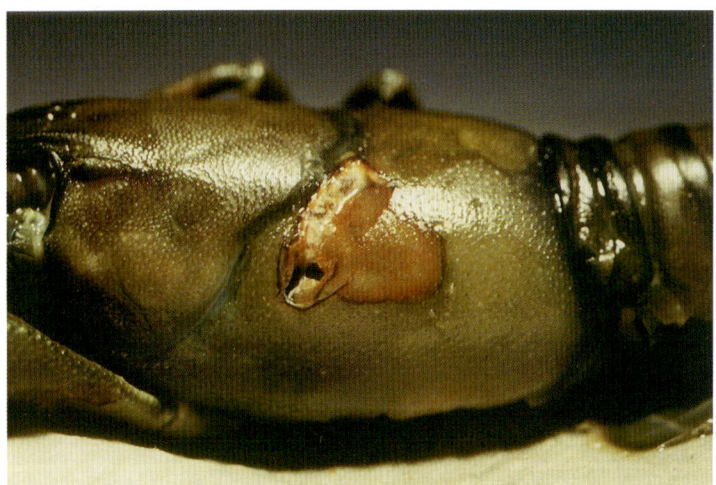

Brandfleckenkrankheit
Foto: Birgit Oidmann

Brandfleckenkrankheit

Die Krankheit ist charakterisiert durch eine fortschreitende Auflösung des Exoskelettes und wird tödlich, wenn größere Bereiche des Panzers erodiert sind. Neuere Untersuchungen haben gezeigt, dass neben den bisher angenommenen Erregern, den Fadenpilzen *Ramularia astaci* und *Cephalosporium leptodactyli* bei Astacidae und *Didimaria cambari* bei Cambaridae, auch verschiedene Bakterien an diesem Krankheitsbild beteiligt sein können. Es ist leicht an der stellenweisen schwarzen Verfärbung des Panzers zu erkennen. Eine Möglichkeit, die Krankheit zu behandeln oder zumindest zu lindern, ist das Einbringen von Eichen- oder Erlenlaub ins Aquarium. Wahrscheinlich sind es die freiwerdenden Humin- oder Gerbsäuren, welche den Erregern zusetzen.

Rostfleckenkrankheit

Eine orangefarbene Verfärbung tritt oft bei mechanischen Beschädigungen des Panzers auf, ebenso an den Bruchstellen, wenn z.B. Gliedmaßen abgetrennt werden. Dies ist noch nicht als Erkrankung anzusehen und kann sich mit der nächsten Häutung wieder selbst beheben. Es kann aber auch der Ausgangspunkt eines verstärkten Auftretens der dort angesiedelten Erreger werden. Es ist ungeklärt, ob daran die selben Erreger wie an der Brandfleckenkrankheit

Rostfleckenkrankheit.

beteiligt sind. Die Erreger sind omnipresent, also eigentlich überall im Wasser vorhanden. Treten diese Verfärbungen ohne gewaltsame äußere Einwirkung zuerst punktförmig auf um sich dann immer weiter auszubreiten bis es zu geschwürartigen Erhebungen kommt, liegt ein akuter Verlauf der Infektion vor. Es können dabei regelrechte Löcher in der Kutikula entstehen. Beim chronischen Verlauf bleiben die orangefarbenen Flecken eher punktförmig, werden aber immer mehr bis der Krebs verendet, bevor einzelne

Eichenlaub im Aquarium.

dieser Punkte aufbrechen. Eine Behandlung ist schwierig, man sollte vorbeugend immer etwas modernes Laub (Erfahrungen mit Erlen- und Eichenlaub sind am besten) verfüttern und im Allgemeinen für eine ausgewogene und abwechslungsreiche Ernährung sorgen. Auch die Wasserpflege ist hierbei von überragender Bedeutung.

Saprolegniose

Diese weitverbreiteten Pilze sind eigentlich überall vorhanden und treten dann in Erscheinung, wenn die äußeren Faktoren für diese günstig (Wasserbelastung!) oder geschwächte Wirtstiere vorhanden sind. Besonders eine Art, *Saprolegnia parasitica*, verursacht immer wieder Probleme. Die Infektionen können auch nach mechanischen Beschädigungen des Panzers auftreten, weil dort ein guter Angriffspunkt für den Pilz gegeben ist und die Tiere meist auch in ihrem Allgemeinzustand geschwächt sind. Kann aber auch ohne diese Defekte auftreten. Bemerkt wird ein Befall oft erst durch eine Schwarzfärbung des Panzers, der durch eine Abwehrreaktion des Krebses durch die Ablagerung von Melanin (schwarzer Farbstoff) ausgelöst wird. Diese Verfärbung tritt aber auch bei anderen Erkrankungen als Abwehrreaktion auf (z.B. Krebspest, Brandfleckenkrankheit). Auch hier ist die Vorbeugung die beste Maßnahme, bei Auftreten kann mit handelsüblichen Mitteln (Bädern) behandelt werden. Verringerung des Infektionsdruckes durch Wasserpflege ist ebenso wichtig. Schafft es der Pilz, die Kutikula zu durchdringen, kann diese Infektion auch zum Tod der Tiere führen.

Durch Einzeller verursachte Krankheiten

Porzellankrankheit

Die Porzellankrankheit wird bei unseren heimischen Krebsen durch den Microsporid *Thelohania contejani* hervorgerufen. Bei fortschreitendem Befall verfärbt sich das Muskelgewebe weiß. Am besten sieht man dies, wenn man den Hinterleib des Krebses ventral (von der Bauchseite her) betrachtet.

Porzellankrankheit
Foto: Birgit Oidmann

Bei gesunden Tieren sieht das Fleisch normalerweise eher wie farbloses, durchscheinendes Silikon aus. Stark befallene Tiere zeigen eine porzellanweiße Durchfärbung der Muskulatur. Das Auftreten von Microsporidiosis wird in freilebenden Flusskrebspopulationen oft nachgewiesen, weil diese Krankheit anhand der typischen Weißfärbung der Muskulatur leicht erkannt wird. Dadurch wird ihre Bedeutung gegenüber anderen, unauffälligen Erkrankungen sehr oft überbewertet. Die Durchseuchung mit Microsporidiosis in freilebenden Flusskrebspopulationen ist normalerweise geringer als ein Prozent, aber es gibt auch Berichte über das gehäufte Auftreten mit gravierenden Befallszahlen.

In der Aquaristik tritt sie hauptsächlich bei Wildfängen auf. Da die Ansteckungswege nicht eindeutig abgeklärt sind, könnte das daran liegen, dass Microsporiden, die einen komplexen Lebenszyklus haben, für ihre Vermehrung und Ausbreitung irgendwelche Zwischenwirte benötigen. Diese Zwischenwirte könnten Fische oder andere aquatische Organismen sein, die unter den künstlichen Haltungsbedingungen nicht vorkommen. Auch die bisher übliche Annahme, die Krankheit werde auch durch das Verzehren von befallenen Artgenossen übertragen, konnte nicht bestätigt werden. Wie Versuche gezeigt haben, konnten verschiedene Microsporiden, insbesondere Thelohania und nahe verwandte Arten nicht durch die Verfütterung von infiziertem Flusskrebsgewebe auf andere Flusskrebse der gleichen Art übertragen werden. Microsporiden, die Flusskrebse befallen können, gehören zu den Gattungen Thelohania, Pleistophora, Ameson und Vavraia. Da diese Zellparasiten in den Muskelzellen des Wirtes leben, ist eine Behandlung durch Bäder wirkungslos. Die einzige Möglichkeit, den Erreger therapeutisch zu erreichen, wäre über den Stoffwechsel, also durch dem Futter beigemengte Medikamente. Leider gibt es keine speziellen Präparate für Flusskrebse, auch unsere Untersuchungen mit verschiedenen Wirkstoffen sind noch nicht abgeschlossen. Wenn man am zunehmend lethargischen Verhalten den Befall erkennen kann, ist die Krankheit meist so weit fortgeschritten, dass die Tiere keine Nahrung mehr aufnehmen. Auf alle Fälle sollten befallene Tiere isoliert oder erlöst werden, denn obwohl die Ansteckungswege nicht zweifelsfrei abgeklärt sind, sollte man Vorsicht walten lassen und andere Krebse vor der Ansteckung schützen. Eine spontane Abheilung des Befalles konnte von uns bisher noch nie beobachtet werden.

Psorospermiasis

Psorospermium wurde jüngst durch molekulargenetische Analysen als primitiver Einzeller identifiziert. *Psorospermium haeckeli* infiziert europäische Flusskrebse, es gibt aber auch bei amerikanischen Flusskrebsen nahe verwandte oder ähnliche Erreger. *Psorospermium* ist kein besonders krank machender Erreger für unsere heimischen Flusskrebse in freier Natur. Infektionen mit diesem Erreger werden aber mit erhöhten Sterblichkeiten in der Aquakultur in Zusammenhang gebracht. Bei verendeten oder sterbenskranken *Cherax quadricarinatus* sowie bei Tieren mit Augennekrosis kann man in den Augen und Antennendrüsen eine hohe Anzahl von *Psorospermium* finden. Ob diese die Krankheit mit verursachen oder nur sekundär vorhanden sind, ist ungeklärt. Werden Signalkrebse *(Pacifastacus leniusculus)*, die mit Krebspest infiziert sind, diese aber gut kontrolliert und eingekapselt haben, mit Psorospermium infiziert, bricht die Krebspest aus und die Tiere sterben daran! Ob diese Todesfälle nur bei gleichzeitiger Infektion mit diesem speziellen Erreger auftreten oder auch bei anderen Belastungen des Immunsystemes, ist nicht ausreichend untersucht.

Bakterien

Wie schon bei der Rost- oder Brandfleckenkrankheit erwähnt, spielen Bakterien eine wesentliche Rolle in verschiedenen Krankheitsbildern. Oft muss der Pfleger nach einiger Zeit feststellen, dass sein Flusskrebs lethargisch wird, sich immer weniger bewegt, die Nahrungsaufnahme einschränkt und schließlich einstellt und dann nach einiger Zeit des Siechtums verendet. Hier handelt es sich, so keine anderen äußeren Anzeichen einer Krankheit auftreten, meist um bakterielle Infektionen. Bakterien treten bei Flusskrebsen häufig als sekundäre und opportunistische Pathogene auf. Die beste Möglichkeit um bakterielle Erkrankungen zu kontrollieren, ist eine Optimierung der Haltungsbedingungen. Bakterien treten verstärkt in Systemen mit einer hohen organischen Belastung auf. Aus diesem Grund ist es von großer Bedeutung, die Wasserpflege und auch den Zustand des Substrates (Boden- und Filtermaterial) im Auge zu behalten und eine gute Qualität durch laufende Wartung und Säuberung zu erreichen. Auch durch eine im Filterkreislauf installierte UV-Entkeimungsanlage kann die Keimzahl wirksam reduziert werden. Der Einsatz von Antibiotika sollte nur wohlüberlegt durchgeführt werden (Tierarzt!). Wie sich in der Aquakultur und auch im Aquariengroßhandel gezeigt hat, bilden Bakterien bei wiederholter und/oder unsachgemäßer Anwendung sehr bald Resistenzen aus und werden dadurch zu äußerst hartnäckigen pathogenen Keimen.

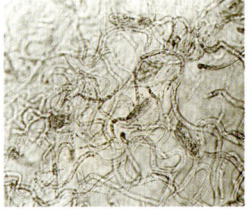

Hyphen in Kutikula
Foto: Birgit Oidmann

Kiemenfäule

Tritt oft sehr rasch nach einem Neubesatz auf. Die Ursache bei Wildfängen kann eine unsachgemäße Behandlung beim und nach dem Fang sein. Werden die Tiere aus schlammigen Gewässern oder stark verschmutzten Becken abgefischt, sollten die Krebse in sauberem Wasser gespült werden. Nimmt man nämlich einen Krebs aus dem Wasser, behält er möglichst viel Flüssigkeit in seiner Kiemenhöhle zurück. Wird dieses Exemplar dann wie üblich in feuchter Umgebung und nicht im Wasser transportiert, verbleibt diese Wassermenge über einen längeren Zeitraum in der Kiemenhöhle. Handelt es sich dabei um verschmutztes, belastetes Wasser können sich die Bakterien rasch entwickeln und es kommt zu einer schweren Infektion der Kiemen, die meist zum Tod führt. Man bemerkt oft zu spät, dass die Tiere nicht mehr so vital sind. Über den Einsatz von Medikamenten liegen keine gesicherten Daten vor. Die Tiere sollten unter besten Wasserbedingungen gehalten werden. Eine Verabreichung von handelsüblichen Bakteriziden aus der Aquaristik ins Wasser kann versucht werden.

Augen-Nekrosis

Bei dieser Infektion färben sich die schwarzen Partien der Augen ins Graue oder Weißliche, ohne dass dabei ein wattiger Belag auftritt (sonst Pilzbefall!). Dies kann bei einem oder beiden Augen geschehen. Tiere mit dem Befall nur eines Auges können längere Zeit überleben und sich auch erfolgreich häuten.

Behandlung kann durch die Gabe von Bakteriziden und/oder Huminsäurebäder versucht werden. Auch hier liegen keine gesicherten Daten vor.

Rickettsiosis

Zwei Arten von Rickettsiosis wurden bisher an Flusskrebsen beschrieben. Ein Rickettsia-ähnlicher Organismus (RLO) ruft eine Systemerkrankung hervor, während der andere RLO nur die Hepatopankreas (Verdauungsdrüse) befällt. Der systemische Erreger wird *Coxiella cheraxi* genannt und wird im Zusammenhang mit erheblicher Mortalität bei *Cherax quadricarinatus*, dem „Redclaw" in Australien gesehen. Der hepatopancreatische RLO wurde bisher nur in einem Exemplar von *Cherax quadricarinatus* nachgewiesen.

Bacteraemia

Neuere Forschungen haben gezeigt, dass Bakterien häufig in der Haemolymphe der Flusskrebse vorkommen. Fraglich ist, ob diese Tatsache immer als Krankheit bezeichnet werden muss, weil die Tiere oft völlig gesund erscheinen. Klinische Symptome der Bacteraemia bei Flusskrebsen sind unspezifisch und normalerweise nur als zunehmende Apathie bis zu Lähmungserscheinungen kurz vor dem Tod feststellbar. Aus diesem Grund ist es schwierig, selbst für erfahrene Pfleger, irgendwelche Anzeichen zu entdecken bis die Krankheit sehr weit fortgeschritten ist. Die Bakterien, welche schwerwiegende Bacteraemia hervorrufen, gehören zu den Familien *Vibrio*, *Aeromonas* und *Pseudomonas*.

Bakterielle Darminfektion

Bakterien besiedeln auch den Darm völlig gesunder Flusskrebse. Kommen aber äußere Stressfaktoren dazu und/oder es handelt sich um einen besonders virulenten Stamm, können sich diese Bakterien ausbreiten und auch die Dünn- und Mitteldarmabschnitte befallen und bis in die Hepatopankrease vordringen, wo sie Nekrosen im Epithelium hervorrufen können. Große Bereiche der Hepatopankrease sind in diesen Fällen davon betroffen. Bakterien, die diese Darminfektionen hervorrufen, gehören zu den Arten Citrobacter, Pseudomonas, Acinetobacter, Enterobacter und Alcaligenes.

Bakterielle Panzererkrankung

Erkrankungen des Panzers bei Flusskrebsen stehen sowohl im Zusammenhang mit Bakterien wie auch mit Pilzen. Die Krankheit ist charakterisiert durch eine zunehmende Auflösung des Exoskelettes und hat schwerwiegende Auswirkungen wenn größere Bereiche wegerodiert werden. Bakterien, welche diese Krankheit hervorrufen können, gehören zu den Aeromonas, Pseudomonas und Citrobacter-Arten.

Viren

Bisher gab es nur wenige wissenschaftliche Arbeiten über die Bedeutung viraler Infektionen bei Flusskrebsen. Die meisten Viren wurden nur anhand einer kleinen Anzahl von befallenen Tieren beschrieben, in einigen Fällen nur anhand eines einzigen Tieres.

Aus der Tatsache, dass unser Wissen über diese Erreger gering ist, sollte man keinesfalls schließen, dass Viren keine Bedeutung im Krankheitsgeschehen bei Flusskrebsen haben. In der Aquakultur von Krustentieren wurden durch virale Krankheiten in der jüngsten Vergangenheit enorme Schäden verursacht. Man muss auch davon ausgehen, dass Viren in natürlichen Flusskrebspopulationen eine wesentliche Rolle spielen.

Auch in der Aquaristik darf man diese Erreger nicht unterschätzen, da sie sehr widerstandsfähig und leicht zu übertragen sind. Bei der Pflege von verschiedenen Arten in mehreren Becken sollte man peinliche Hygiene walten lassen, was die Verwendung von Gerätschaften aber auch den Austausch von Pflanzen, Schnecken, Bodengrund, Dekorationsgegenständen usw. betrifft.

Wegen ihrer weiten Verbreitung (geografisch ebenso wie auf Populationsebene), ist es eher unwahrscheinlich, dass manche Viren, welche die Eingeweide der Flusskrebse befallen, für ihre normalen Wirtstiere besonders pa-

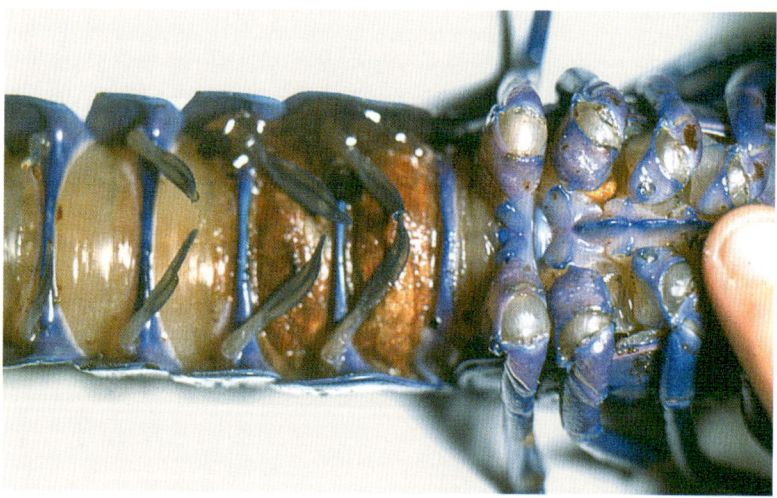

Cherax cainii mit Infektion.

thogen (krankmachend) sind. Allerdings können diese Erreger mit geringer Virulenz im Zusammenspiel mit anderen schädlichen Einflüssen sehr wohl gravierende Auswirkungen haben. Wie sich diese Erreger verhalten und entwickeln, wenn sie auf neue, nicht an sie gewohnte Flusskrebsarten treffen, ist ein Experiment, welches man besser nicht durchführen sollte.

Es gibt keine Heilmittel bei viralen Infektionen für Crustaceen und der beste Weg, sie zu bekämpfen, ist die Vermeidung und Vorbeugung durch artgerechte Haltung mit passenden Lebensbedingungen zur Sicherstellung einer hohen Vitalität und bester Tiergesundheit. Auch das strikte Trennen von Arten aus verschiedenen Herkunftsgebieten (oder gar Kontinenten) ist eine wesentliche Vorsichtsmaßnahme. Es folgt eine Aufzählung einiger bisher beschriebener Viren bei Flusskrebsen, die keinen Anspruch auf Vollständigkeit hat, da ständig neue Erreger entdeckt werden.

WSSV (White Spot Syndrom Virus)

Die „White-Spot-Diasease", Weißfleckenkrankheit, hat zum Zusammenbruch ganzer Garnelen-Produktionen in Asien und Südamerika sowie in Zuchtanlagen für Speisekrebse geführt. Dieser Erreger trat vorerst bei Garnelen auf, soweit bisher bekannt ist, ist dieser Virus aber äußerst anpassungsfähig und kann ebenso Flusskrebse und auch andere Crustaceen wie Krabben etc. befallen. Man sollte daher bei der Verfütterung von frischem Garnelenfleisch, vor allem bei Tieren die aus der Aquakultur stammen, sehr vorsichtig sein. Am besten nur gekocht verabreichen (s. Kap. Fütterung). Kann aber theoretisch mit jedem Lebend- und Frischfutter übertragen werden, in dem Krebstiere enthalten sind.

CqbV (Cherax quadricarinatus bacilliform Virus)

Dieser Erreger sei stellvertretend für eine Anzahl von Viren erwähnt, die man vor allem in australischen Arten nachgewiesen hat. Dies bedeutet aber nicht, dass andere Flusskrebse nicht auch von Viren heimgesucht werden, sie wurden bisher nur nicht in diese Richtung hin untersucht.

IPNV (Infektiöser Pankreatischer Nekrose Virus)

Befällt, wie der Name schon sagt, die Verdauungsdrüse der Krebse.

AaBV (Astacus astacus Bacilliform Virus)

Auch unser heimischer Edelkrebs ist Träger von Viren. Dieser Virus sitzt in den Eingeweiden der Krebse, allerdings wurde keine Erkrankung der Tiere manifest. Andere Krebsarten könnten aber schwer betroffen werden, wenn sie mit diesem Virus zusammenkommen.

Neben dieser beschriebenen Virenart wurde eine weitere auch in den Kiemen von *Astacus astacus* gefunden. Man sollte daher nicht nur sehr sorgfältig sein, wenn man die Übertragung der Krebspest von amerikanischen Krebsen auf unsere Arten vermeiden will, sondern ebenso umgekehrt, da wir nicht wissen, welche Auswirkungen diese Viren auf andere Krebsarten haben.

Parasiten und Symbionten

Krebsegel

Die Krebsegel gehören zur Klasse der Branchiobdellida, derzeit sind etwa 150 Arten beschrieben, die auf allen Krebsen der Nordhalbkugel vorkommen. Sie sind weltweit verbreitet und kommen nur im Süßwasser, hauptsächlich auf Flusskrebsen, vor. Nur ganz selten findet man sie z.B. in Mittelamerika und Südostasien auch auf Garnelen oder Süßwasserkrabben.

Die meisten Arten sind keine Parasiten, sondern nur aufsitzende Symbionten oder Kommensalen, die den Bakterien- und Microaufwuchs auf dem Krebspanzer abweiden oder aber auch räuberisch leben und kleine Copeopoden (Kleinkrebse) und selbst Insektenlarven erbeuten. Einige Arten sind auch fakultative Parasiten, z.B. jene Arten, die sich in den Kiemenhöhlen der Krebse aufhalten. Die jeweiligen Arten haben gewisse Regionen auf dem Krebspanzer, die sie bevorzugt besiedeln und auch die Plätze für die Ablage ihrer Eikokons sind artspezifisch unterschiedlich. Krebsegel können einige Zeit auch ohne Flusskrebse überleben, allerdings kommt es zu keiner Vermehrung. Daher sterben diese Tiere überall dort aus, wo auch ihre Wirtstiere, etwa durch die Krebspest, verschwinden. Des Weiteren werden durch die Verdrängung heimischer Krebse auch die damit untrennbar verbundenen Lebensgemeinschaften in ihrer Existenz bedroht. Die heimischen Krebs-

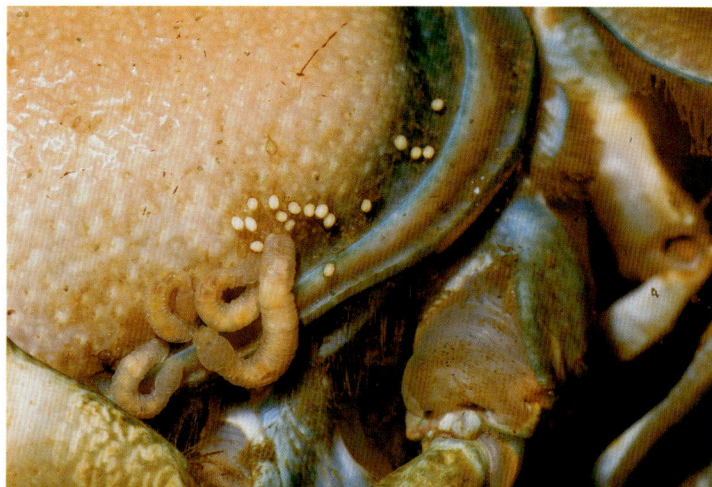

egelarten wechseln nicht auf eingebürgerte amerikanische Flusskrebse um, sondern verschwinden mit ihnen.

Ähnlich wie die Artenzahl der Flusskrebse selbst, ist auch die Zahl der Krebsegel in Amerika höher als bei uns in Europa. Es gibt zahlreiche Vertreter der Gattung *Cambarincola*. Ähnlich ist die Situation in Ostasien, wo auf den Flusskrebsen der Gattung *Cambaroides* bis zu acht verschiedene Krebsegelarten gefunden werden können (*Cirrodrilus* spp.).

Die Egel haben die Funktion, den Panzer, vor allem der

Krebs mit Krebsegel und Kokons.

adulten Tiere, die sich seltener häuten, von Aufwuchs mit Einzellern wie Algen, Cilliaten, etc. freizuhalten. Fehlt dieses Abweiden, kann es unter bestimmten Bedingungen, besonders in nährstoffreichen, belasteten Gewässern zu einem regelrechten Zuwuchern des Panzers kommen, was auch zum Absterben des Flusskrebses führen kann. Da sich Jungkrebse zu oft häuten und sich daher keine Microorganismen auf ihren Panzern ansiedeln können, die als Lebensgrundlage der Krebsegel dienen, kommt diese Altersgruppe als Symbiont nicht in Frage. Auf Jungkrebsen wird man daher kaum Krebsegel finden.

Meist halten sich die Krebsegel nicht über längere Zeiträume in einem Aquarium, weil die Nahrungsbasis in sauberen Aquarien nicht ausreicht. Trotzdem wird oft nach einer Behandlung gegen diese Tiere gefragt. (Eine Möglichkeit der Bekämpfung findet man auf Seite 75 *Branchiodelle hexadonta*).

Von den heimischen Arten sind einige äußerst selten oder bereits ausgestorben, andere aber doch noch häufiger vertreten. Im Folgenden werden nur jene Arten näher beschrieben, die in Europa gefunden werden können.

Branchiobdella parasita

Der größte der heimischen Krebsegel ist *B. parasita*, dessen Name allerdings völlig an der Lebensweise dieser Tiere vorbeigeht. Diese weißlichen, bis zu zwölf Millimeter langen, wurmförmigen Egel sitzen meist am Carapax und ernähren sich vom Microaufwuchs auf dem Krebspanzer aber auch räuberisch von winzigen Copepoden und auch kleinen Insektenlarven. Konnte ein Tier sehr viele Kleinkrebschen erbeuten, kann der Körper des Egels auch leicht rosa gefärbt erscheinen. Die Eikokons werden arttypisch meist an der Seite des Brustpanzers abgelegt.

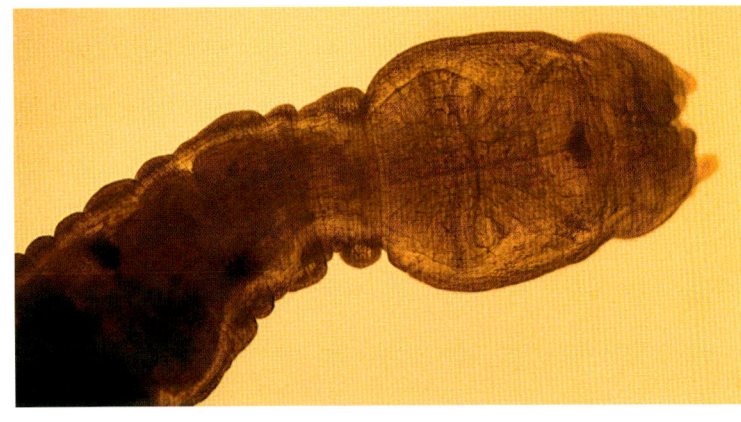

Im Darmtrakt dieser Krebsegel wurden noch nie irgendwelche Gewebeteilchen (Zellen) von Flusskrebsen gefunden. Es besteht also keine Veranlassung, diese Tiere als Parasiten zu betrachten und zu bekämpfen. Für ältere Krebse in nährstoffreichen Gewässern sind sie insofern (wie auch andere Krebsegelarten) von Bedeutung, weil sie den Panzer der Krebse, die sich ja nur mehr selten häuten, von Bewuchs befreien und funktionstüchtig erhalten. Kommen auf allen heimischen Krebsarten vor.

Branchiobdella, stark vergrößert.
Foto: Birgit Oidmann

Branchiobdella pentadonta

Dieser Krebsegel wird vier bis fünf Millimeter lang und ist hauptsächlich an der Unterseite der Krebse und an den Scheren zu finden. An den Scheren sitzen sie manchmal so dicht, dass die Stelle aussieht, als wäre sie wie mit einem weißen Pelz bedeckt. Sie ernähren sich ebenfalls von Aufwuchs und Kleinorganismen und sind keine Parasiten. Die Eikokons werden bevorzugt an den Basalgliedern des ersten Schreitbeinpaares (große Scheren) abgelegt. Kommt ebenfalls auf allen europäischen Flusskrebsen vor.

Branchiobdella hexadonta

Kleinster Vertreter der Krebsegel in Europa, wird nur drei bis vier Millimeter lang und besiedelt hauptsächlich die Kiemenhöhlen der Krebse, manchmal ist er auch auf der Unterseite des Wirtes zu finden. Diese Art ist ein fakultativer Parasit, der auch das Kiemengewebe des Krebses schädigen kann, weil Gewebeteile abgebissen werden. Bei sehr starkem Auftreten können die Kiemenhöhlen regelrecht verstopft und dadurch der Wasserstrom verringert werden, was die Atmung des Krebses behindert.

Man kann diesen Krebsegel durch Salzbäder (1,5 - 2,0 % NaCl - Lösung für 30 Minuten – gut belüften – oder ein pH 10 Tauchbad für 10 Sekunden) bekämpfen. Die Egel fallen ab und liegen dann am Boden des Behandlungsgefäßes. Die Krebse gut in frischem Wasser spülen und erst dann zurücksetzen. Die Behandlung sollte je nach Wassertemperatur nach etwa zwei Wochen wiederholt werden, bis keine Egel mehr auftreten, da eventuell vorhandene Eikokons nicht abgetötet werden. Auf allen europäischen Krebsarten zu finden.

Branchiobdella balcanica

Ebenfalls ein kleiner Krebsegel, der etwa vier bis fünf Millimeter lang wird. Weißlicher Körper, bei dem der Darminhalt dunkel durchschimmern kann. Sitzt wie *B. pentadonta* hauptsächlich an den Scheren und an der Unterseite des Krebses, dort bevorzugt eher im Kopfbereich. Die Eikokons werden ebenfalls an den Basalgliedern des ersten Schreitbeinpaares abgelegt. Diese Art kommt nur auf dem Edelkrebs *Astacus astacus* vor.

Branchiobdella astaci

Diese Krebsegelart gilt in Mitteleuropa bereits als ausgestorben, sie ist derzeit nur noch in Südosteuropa zu finden.

Branchiobdella italica

Dieser Krebsegel ist in Oberitalien verbreitet und kann im deutschsprachigen Raum vereinzelt in Kärnten und vielleicht Tirol gefunden werden, wohin er wahrscheinlich mit Besatzkrebsen verbracht wurde.

Xironogiton instabilis

Dieser Krebsegel aus Nordamerika wurde mit dem Signalkrebs (*Pacifastacus leniusculus*) nach Europa mitgebracht und ist dadurch heute auch in Freigewässern zu finden und in Ausbreitung begriffen, da sich seine Wirtart ebenfalls immer weiter ausbreitet.

Cambarincola mesochoreus

Auch der Rote Amerikanische Flusskrebs *Procambarus clarkii* hat einen eigenen Krebsegel nach Europa mitgebracht. Dieser ist zum Beispiel in Populationen dieser Krebsart in Italien verbreitet.

Temnocephalide

Ebenso wie die Krebsegel sind diese aufsitzenden Organismen keine Parasiten und haben eine ähnliche Lebensweise wie diese. Sie sind auf den Flusskrebsen der Südhalbkugel zu finden (Parastacidae).

Wimpertierchen (Ciliaten)

Auf unseren Krebsen siedeln eine Vielzahl von Organismen, unter anderem auch festsitzende Einzeller wie die Glockentiere der Ordnung Peritricha. Man kann diese Lebewesen mit bloßem Auge erkennen, sie bilden einen durchsichtigen, gallertartigen Belag, der im Gegenlicht deutlich zu sehen ist. Diese Tierchen sind völlig harmlos und benutzen die Krebse nur als Unterlage. Sie sind meist auf Neuzugängen zu finden, die aus dem Freiland stammen, denn in einem normalen, sehr sauberen Aquarium, finden diese Filtrierer auf Dauer zu wenig Nahrung. Auf Krebsen im Gartenteich kann man diese Glockentiere aber immer wieder beobachten.

Moostierchen (Bryozoa)

Moostierchen bilden eine eigene Klasse im Tierreich und gehören zum Stamm der Tenticulata (Tentakelträger). Ihr Aufbau ist dem der Korallen ähnlich, die Einzeltiere sitzen in Kolonien zusammen und sind untrennbar mit den hornartigen, chitinösen Wohnröhren verbunden. Im Aquarium treten diese eigentlich harmlosen Aufsitzer nur selten auf, meist bei Wildfängen, im Gartenteich kann es aber auch zu Massenauftreten kommen. Die Krebse sind dann von einer grünen, gallertartigen Masse überzogen. Meist tritt diese Massenvermehrung auf, wenn die Phosphatwerte im Gewässer extrem hoch sind. Die Krebse häuten sich dann auch nicht mehr. Ob wegen der Moostierchen oder der Wasserbelastung ist nicht eindeutig abgeklärt. In seltenen Fällen fällt das massenhafte Auftreten von Moostierchen mit einem Sterben bei Flusskrebsen zusammen. Höchstwahrscheinlich sind die Moostierchen nur eine Folge der ungünstigen Wasserwerte und nicht die Ursache für die Ausfälle bei den Flusskrebsen.

Temnocephaliden
auf den Scheren von
E. australasiensis.
Foto: Gunther Schmida

Wichtige Flusskrebse für die Aquaristik

Voraussetzung für dieses Kapitel ist natürlich, dass man genau weiß, um welche Art es sich bei den gepflegten Tieren handelt. Einen Bestimmungsschlüssel für alle Flusskrebse anzubieten, mit dessen Hilfe man einen Flusskrebs einer Spezies zuordnen kann, ist leider nicht möglich, weil es einen solchen bisher noch nicht gibt. Bei den Artbeschreibungen ist angeführt, mit welchen anderen, bisher im Handel erhältlichen, Krebsen Verwechslungen auftreten könnten und ob dies von entscheidender Bedeutung ist. Die hier beschriebenen Arten sollten mit Hilfe der Fotos und einigen erwähnten Details einwandfrei erkannt werden können. Allerdings muss man einschränkend dazu bemerken, dass die Artunterscheidung bei Jungkrebsen äußerst schwierig bis unmöglich ist.

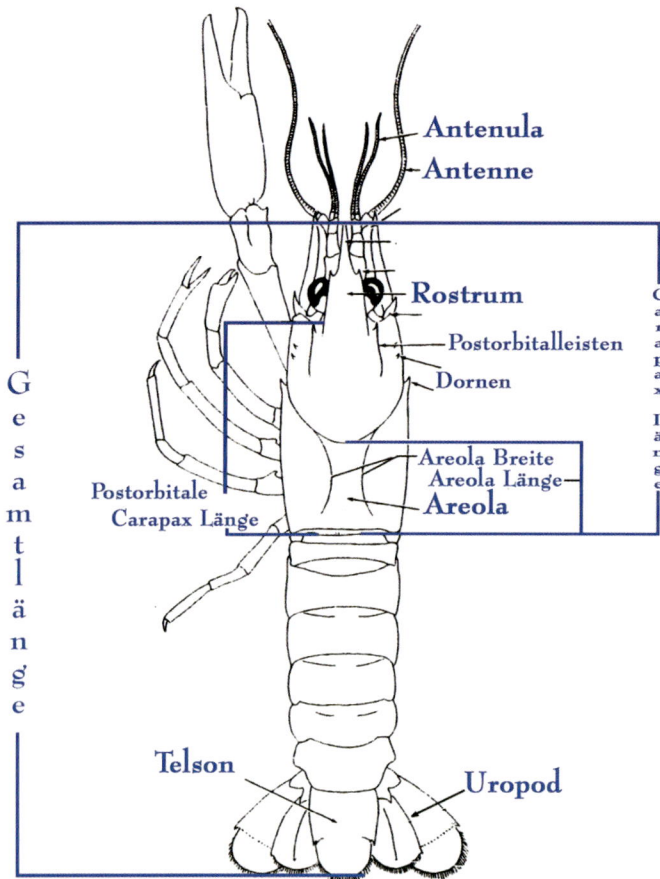

Abb. 11. Oberansicht eines Krebses

Schemata der Artbeschreibungen

Aussehen

Die angegebene Farbe bezieht sich auf die Normalfärbung eines Flusskrebses, Zuchtformen (Farbmorphen) werden ebenfalls angeführt. Allerdings kommt es immer wieder zu Abweichungen, weil Flusskrebse diesbezüglich sehr variabel sind. Auch frisch gehäutete Tiere haben oft ein völlig anderes Farbkleid als andere Exemplare der selben Art. Auch verändern einzelne Individuen ihre Farbe und Musterung während ihres Lebens. Die Färbung ist also ein relativ schlechter Parameter für die Artunterscheidung.

Größe

Die Größe eines Flusskrebses wird als Körperlänge = KL (von der Rostrumspitze bis zum Ende des Telsons bei gestrecktem Schwanzteil) oder aber als Carapaxlänge = CL (Rostrumspitze bis Ende des Carapax an der Rückenlinie) angegeben. Die Körperlänge ist in etwa

Cherax sp. „orange Tip".

doppelt so groß wie die Carapaxlänge, schwankt aber je nach Gattung, da unterschiedliche Schwanzteillängen (SL) auftreten. So haben einige Parastaciden ein Verhältnis von CL : SL von 1 : 1,2, wohingegen einige grabende Arten ein umgekehrtes Verhältnis von 1,2 : 1 haben. Bei den Größenangaben ist zu beachten, dass immer wieder Einzelexemplare – wenn auch sehr selten – vorkommen, die diese Angaben bei weitem übertreffen. Exemplare in den naturhistorischen Museen zeigen solche Tiere. Sie sind zu Recht ob ihrer gigantischen Ausmaße Museumsstücke.

Herkunft
Unter Herkunft wird das natürliche Verbreitungsgebiet angegeben.

Lebensweise
In freier Natur, soweit überhaupt bekannt, und unter Haltungsbedingungen.

Fütterung
Natürliche Nahrung und mögliche Fütterung im Aquarium.

Beckengröße
Angabe pro Tier/Paar in Litern.

Wasserwerte
PH-Wert, Härte, Sauerstoffbedarf, Temperaturbereiche; Bereiche fürs Überleben und nach Jahreszeiten unterschiedlich, winterhart, etc.

Vergesellschaftung
Mit wem, oder mit wem nicht.

Wasserpflanzen
Ob diese verspeist oder verschont werden.

Flusskrebse aus Europa

Hinweis: Alle Flusskrebse unterliegen im deutschsprachigen Raum den Fischereigesetzen und dürfen nicht ohne Genehmigung und nur unter Beachtung der Schonzeiten und Brittelmaße (Mindestgrößen) aus Gewässern entnommen werden.

Astacus astacus, Edelkrebs oder Europäischer Flusskrebs

Aussehen

Der Edelkrebs ist der großwüchsigste unter den europäischen Krebsarten. Sein massiger Körper ist nur schwach bedornt. Die Farbe ist normalerweise ein Braun, das von Rötlich- bis fast Schwarzbraun reichen kann. Es gibt aber auch hellblaue bis intensiv dunkelblaue Exemplare (sehr selten), auch eine ins Grün gehende Färbung kommt vor.

Die Scheren des adulten Edelkrebses sind breit und groß (besonders bei den Männchen). Die Unterseite der Scheren ist leuchtend rot gefärbt, die Oberseite hat die gleiche Farbe wie der Körper. An der Unterseite der Schere ist am Scherenfingergelenk deutlich ein leuchtend roter Knubbel vorhanden. Hinter den Augen an der Oberseite des Carapax sind die für die Artunterschei-

Astacus astacus.

dung zwischen den europäischen Arten wichtigen Postorbitalknoten zu finden. Der Edelkrebs besitzt auf jeder Körperseite zwei dieser Höcker, einen langgestreckten, sehr deutlich wahrnehmbaren Knoten, gefolgt von einer kleineren, rundlichen Erhebung.

Größe

Männliche Edelkrebse können bis 18 cm Körperlänge und bis zu 350 Gramm Gewicht erreichen. Die Weibchen bleiben deutlich kleiner.

Herkunft

Edelkrebse haben ihr natürliches Verbreitungsgebiet in Mittel- und Nordeuropa. Sie

Astacus astacus „blau".

besiedeln dort bevorzugt sommerwarme, nährstoffreiche Gewässer. Ihre heutige Verbreitung ist sehr stark durch menschliche Einflüsse (Besatz, Gewässerverschmutzung, Krebspest) beeinflusst und verkleinert worden. Etwa 95 Prozent aller Edelkrebsbestände sind in den letzten 150 Jahren ausgelöscht worden.

Lebensweise

Edelkrebse sind dämmerungs- und nachtaktive Tiere, die während des Tages in ihren Verstecken sitzen. Nur in der Paarungszeit (Oktober/November) kann man sie auch tagsüber beobachten. Bei Extremereignissen, wie Wasserverschmutzungen, Krankheitsausbrüchen oder aber auch anhaltendem Nahrungsmangel können sie auch in der restlichen Zeit gezwungenermaßen tagsüber Aktivitäten zeigen.

Zucht

Edelkrebse im Aquarium nachzuzüchten erfordert einen hohen Aufwand. Neben den Platzansprüchen der Tiere, die während der Brutzeit noch sehr viel höher sind, ist auch die Herstellung eines naturnahen Temperaturverlaufs mit winterlicher Abkühlung auf unter 10 °C unabdingbar für eine erfolgreiche Paarung im Herbst. Während der Tragzeit, die von November bis Mai/Juni reicht, sind die Weibchen sehr störungsanfällig. Vor allem auf innerartlichen Dichtestress durch beengte Platzverhältnisse reagieren die Weibchen mit nachlässiger Eipflege, was oft den Verlust des ganzen Geleges zur Folge hat. Pro Eier tragendem Weibchen muss mindestens 1 m≈ Fläche zur Verfügung stehen. Am besten ist Einzelhaltung während dieser Zeit.

Beckengröße

100 x 50 cm Grundfläche bei 200 Litern für zwei Tiere.

Wassertemperatur

Der Edelkrebs bewohnt Gewässer, die im Sommer mindestens 16 °C für zwei bis drei Monate erreichen. Im Winter ist eine Abkühlung unter 10 °C Voraussetzung für lange Lebensdauer und Vitalität sowie Vermehrung.

Wasserwerte

Hat eine breite Toleranz in Bezug auf pH-Wert und Wasserhärte. Kommt ebenso in weichem, saurem Milieu in Urgesteinswässern wie in harten, kalkhaltigen Gewässern vor. Werte zwischen 5,5 und 8,5 werden gut vertragen, ideal sind kalkhaltige Wässer mit pH-Werten knapp über Neutral zwischen 7 und 8. Sehr empfindlich gegenüber chemischen Belastungen, kleinste Mengen von Pestiziden verursachen schwere Schäden und Todesfälle.

Fütterung

Edelkrebse sind omnivor, sie nehmen vom modernden Laub bis zu Fischfleisch praktisch alles verfügbare organische Material als Nahrung auf. Besonders beliebt sind neben weichen Wasserpflanzen und Fadenalgen (Jungkrebse) auch Wasserschnecken. Alle Insektenlarven werden ebenso erbeutet, frische tote Fische oder auch Säugetier- und Vogelkadaver werden ebenfalls gefressen.

Im Aquarium sollte man neben den gebräuchlichen Futtermitteln in der Aquaristik auch noch folgendes anbieten: Karotten (roh, für Juvenile geraspelt, sonst in Scheiben geschnitten), Getreide (im Ganzen, z. B. Weizen, Gerste, Mais), Rinderleber (Vorsicht, belastet das Wasser stark), Fischfleisch, Regenwürmer (Delikatesse).

Vergesellschaftung

Gut möglich ist eine Vergesellschaftung mit Fischarten, die eine oberflächennahe Lebensweise haben und nicht am Boden schlafen, wie etwa das heimische Moderlieschen oder auch Lauben. In größeren Becken (ab 800 Liter) halten wir adulte Edelkrebse auch mit Großfischen wie Hecht, Karpfen und Schleien zusammen. Schnecken und kleinere Muscheln werden als Nahrungsergänzung betrachtet. Große Teichmuscheln (z.B. im Gartenteich) haben nichts zu befürchten.

Wasserpflanzen

Die meisten Wasserpflanzen werden gefressen und durch das Herummarschieren und die Grabetätigkeit in Mitleidenschaft gezogen. Am leichtesten lassen sich Schwimmpflanzen und solche, welche ohne Bodenkontakt im Wasser treibend wachsen können (Wasserpest; Hornkraut) im Aquarium über längere Zeiträume halten.

Astacus leptodactylus, Europäischer Sumpfkrebs oder Galizierkrebs

Aussehen

Der „Galizier" ist ein großwüchsiger Krebs. Sein Körper ist sehr stark bedornt und die Oberfläche des Panzers fühlt sich rau wie eine Feile an. Die Farbe ist normalerweise Beige, kann aber bis ins Grünliche und Braune reichen (je nach Herkunftsgewässer). Auch blaue Krebse kommen vor, meist ist es ein Hellblau. Es gibt vier beschriebene Unterarten, für den Laien schwer zu unterscheiden – sie leben teilweise im Brackwasser.

Astacus leptodactylus.

Die Scheren des Galizierkrebses sind lang und schmal. Sie sind einheitlich gefärbt, die Oberseite etwas kräftiger oder dunkler. Hinter den Augen an der Oberseite des Carapax sind die für die Artunterscheidung wichtigen Postorbitalknoten zu finden. Der europäische Sumpfkrebs besitzt wie der Edelkrebs zwei dieser Höcker.

Größe
Er kann wie der Edelkrebs Körperlängen von bis zu 18 cm erreichen, beim Gewicht bleibt er wegen der schlankeren Scheren mit bis zu 250 Gramm etwas hinter ihm zurück. Weibchen bleiben deutlich kleiner.

Herkunft
Ost- und Südosteuropa, in der Donau östlich von Wien, im Norden von Polen. Besiedelt sommerwarme Gewässer, die auch sehr schlammig sein können. Seine Lebensräume reichen von großen Flüssen über deren Altarme bis zu klaren Bergseen (Kaukasus). Auch Gebiete mit Brackwasser wurden von ihm erobert. Auch in der Türkei war er sehr häufig, durch das Einschleppen der Krebspest sind dort aber viele Bestände verschwunden.

Lebensweise
Dämmerungs- und nachtaktiv, braucht nicht unbedingt eine feste Wohnhöhle, gräbt sich auch in feinem Schlamm ein, um tagsüber gut getarnt zu sein. Auch in Wasserpflanzenfeldern und Armleuchteralgenteppichen (Jungtiere) zu finden.

Zucht
Die Paarung erfolgt im Herbst. Das Verhalten wird ausgelöst, wenn das Wasser etwa 11 °C erreicht. Die Weibchen tragen die Eier am Hinterleib bis etwa Ende Mai, immer abhängig von der Wassertemperatur.

Beckengröße
100 x 50 cm Grundfläche bei mindestens 200 Litern für ein Paar.

Wassertemperatur
Der Galizierkrebs bewohnt Gewässer, die im Sommer auch bis zu 28 °C erreichen können. Im Winter erträgt er Abkühlung unter 10 °C ohne Probleme.

Wasserwerte

Ansprüche sind geringer als die des Edelkrebses. Verträgt mehr organische und auch besser eine geringfügige chemische Belastung des Wassers.

Fütterung

Allesfresser. Die Galizierkrebse sind omnivor, sie nehmen vom modernden Holz über Wasserpflanzen und Laub bis zu Fischfleisch praktisch alles verfügbare organische Material als Nahrung auf. Nehmen mehr vegetarische Kost zu sich als der Edelkrebs, verschmähen aber auch Wasserschnecken und Insektenlarven nicht. Auch verendete Fische, Amphibien, Vögel und auch Säugetiere werden als Proteinquelle genutzt. Im Aquarium sollte man neben den gebräuchlichen Futtermitteln (Trocken-, Frost- und Lebendfutter) auch noch folgendes anbieten: Karotten (roh, für Juvenile geraspelt, sonst in Scheiben geschnitten), Getreide (im Ganzen; z.B. Weizen, Gerste, Mais), Fischfleisch, Regenwürmer (Delikatesse), Wasserschnecken.

Vergesellschaftung

Der Galizierkrebs ist etwas verträglicher als der Edelkrebs. Auch innerartlich besteht eine größere Toleranz. Die Vergesellschaftung mit heimischen Kleinfischen ist möglich. Bodenlebende Fische sollten dazu nicht verwendet werden.

Wasserpflanzen

Astacus leptodactylus der Galizische Sumpfkrebs.

Keine Chance, Wasserpflanzen zu erhalten, außer Schwimmpflanzen und solche, die ohne Verwurzelung im Boden treibend existieren können wie Wasserpest und Hornkraut.

Herkunft

Das ursprüngliche Verbreitungsgebiet des Roten Amerikanischen Sumpf-krebses erstreckte sich vom Norden Mexikos bis nach Escambia County/Florida und vom südlichen Illinois bis nach Ohio.

Lebensweise

Diese Krebse bewohnen die verschiedensten Lebensräume, stammen aber aus den Sümpfen der südwestlichen USA. Dort herrschen extreme Verhältnisse vor, was Wassertemperatur und -qualität anbelangt. Es geht bis zur Austrocknung der brühwarmen Pfützen, welche die Tiere überdauern, indem sie komplexe Grabgänge anlegen. Im natürlichen Habitat erreichen die Krebse ein Alter von zwei bis drei Jahren. Bei guter Pflege im Aquarium können sie aber auch etwas länger leben und drei bis vier Jahre alt werden.

Zucht

Im temperierten Aquarium brüten die Krebse das ganze Jahr über, wobei die Tragezeit der Weibchen von der Wassertemperatur abhängig ist und zwei bis drei Wochen dauern kann. In ihrer Heimat sind sie Sommerbrüter, d.h. sie tragen Eier während der warmen Jahreszeit. In Europa, wo sie gebietsweise leider bereits vorkommen, sind sie Winterbrüter, wie unsere heimischen Krebse, geworden. Dann tragen sie Eier auch einige Monate mit sich herum, da die tiefen Temperaturen eine lange Eientwicklungszeit bedingen. Wo es warm genug ist kommt es bei *Procambarus clarkii* vor, dass die Weibchen zwei bis drei Mal im Jahr brüten, wobei sie jedes Mal zwischen 50 bis 300 Jungtiere austragen. Die Jungtiere sind schnellwüchsig, zunächst noch grau oder nur leicht rötlich gefärbt.

Futter

Wie auch die meisten anderen Nordamerikaner fressen die Krebse alles was ihnen im Aquarium angeboten wird. Am liebsten fressen sie Lebendfutter wie Rote Mückenlarven, *Tubifex*, Wasserflöhe, aber auch Trockenfutter, Karotten, Mais und Kartoffeln kann man ihnen anbieten. Da die Tiere einen ausgezeichneten Geruchsinn haben, kann man sie mit einem Leckerbissen schnell aus ihrem Versteck locken. In den Flüssen und Seen sind lebende Fische eher die Ausnahme auf dem Speisezettel der Krebse. Den Hauptanteil der Nahrung bilden Detritus, Wasserpflanzen, Algen und kleinere Wirbellose wie Schnecken, Bachflohkrebse oder Insektenlarven.

Beckengröße

Procambarus clarkii gilt als besonders aggressiv, und ein Paar sollte erst ab einer Grundfläche von 100 x 40 cm und 160 Litern gehalten werden.

Wasserwerte

Hat sehr geringe Ansprüche an die Wasserwerte. Lebt auch in astatischen Gewässern und vergräbt sich bei Austrocknung des Gewässers im Schlamm. Trotzdem sollte man die Wasserpflege im Aquarium (s. Kap. Krankheiten) nicht vernachlässigen.

Vergesellschaftung

Das Zusammenleben mit Fischen oder anderen Krebsarten gestaltet sich meistens sehr schwierig bis unmöglich, da dieser Krebs sehr angriffslustig ist und andere Arten meistens unterliegen. Größere Barsche oder Welse werden in der Regel nicht angegriffen und sind wohl eher geeignet als kleinere Salmlerarten oder kleine Welse.

Wasserpflanzen

Wasserpflanzen werden auch gerne gefressen, wobei die als hart geltenden Arten wie *Anubias* spp. oder *Microsorium* spp. von den Krebsen meist zuerst gefressen werden. Die zarten Pflanzen wie Hornkraut *Cerastium* spp. oder Wasserpest (*Egeria densa, Elodea canadiensis*) werden zwar angeknabbert, durch ihre Raschwüchsigkeit können sie sich aber auch über längere Zeiträume halten. Oft werden diese Pflanzen nach einiger Zeit (und bei guter Fütterung) in Ruhe gelassen.

Besonderheit

Dieser Krebs wurde vor einigen Jahren noch als Aquarien- und Teichkrebs verkauft, und das nicht nur in den Gartenabteilungen der Baumärkte, sondern auch in Fachgeschäften. Wo immer *P. clarkii* aber ausgesetzt wurde, egal ob in Afrika, Asien oder auch in Europa (Spanien) hat er schwerwiegede Probleme verursacht. Leider lebt er auch schon in Deutschland und in der Schweiz in Freigewässern, wo er reproduzierende Populationen bildet. Hier wurde er aber nicht bewusst angesiedelt, sondern durch Aquarianer oder durch Gartenteichbesitzer, welche die Tiere in der Natur entsorgt haben, ausgebracht. Man sollte daher unter keinen Umständen diese Tiere freisetzen oder im Gartenteich unterbringen. Es gibt keinen ausklettersicheren Gartenteich für Krebse, schon gar nicht für *P. clarkii* (s. Kap. Krebse im Gartenteich).

Procambarus alleni, blauer Floridakrebs

Aussehen

Diese Art ist meistens einheitlich braun gefärbt, hat manchmal dunklere Flecken auf der Oberseite des Körpers und wird zu den Seiten hin heller. Die Warzen auf den Scheren sind gelblich und die Scherenarme haben manchmal einen bläulichen Schimmer. Es existiert eine gänzlich blau gefärbte Farbmorphe dieser Art, die den Aquarienhandel und die Aquarien auf der

Procambarus alleni, Weibchen.

ganzen Welt erobert hat. Dieser blaue Krebs wurde in Florida gezüchtet, daher auch der Name Floridalobster. Die blaue Farbe ist auf einen Enzymdeffekt zurückzuführen und wird rezessiv vererbt. Die Stammform dieser Krebse ist eigentlich unauffällig bräunlich gefärbt.

Procambarus alleni,
Männchen aus dem Süden Floridas, Wildform.

Größe
Die Tiere erreichen eine Körperlänge von 8 bis 10 cm. Weibchen werden etwas größer als Männchen.

Herkunft
Procambarus alleni besiedelt die Gebiete östlich des St. Johns River und die südliche Halbinsel von Florida von Marion und Levy County bis zu den Keys.

Lebensweise
In seiner Heimat besiedelt dieser Krebs hauptsächlich stehende Gewässer und gräbt kurze Gänge, wenn der Wasserspiegel absinkt. Die Tiere sitzen sehr gerne in ausgedehnten Wasserpflanzenfeldern.

Fütterung
Adulten Tieren füttern wir abgestorbenes Pflanzenmaterial (Detritus), bestehend aus abgefallenen Laubblättern, gemischt mit Algen und kleinen Zweigen. Dieses lässt sich auch aus einem Teich fischen. Allerdings sollten dort keine Flusskrebse leben (s. Kap. Krankheiten). In diesem Gemisch befinden sich massenhaft kleine Wirbellose, die von den Krebsen gerne gefressen werden. Detritus bildet auch in freier Natur den Hauptbestandteil ihrer Nahrung und sollte deshalb im Aquarium nicht fehlen. Der Speisezettel der Krebse ist allerdings lang und beinhaltet pflanzliche wie auch tierische Nahrung. Dadurch gestaltet sich das Zusammenleben im Aquarium mit anderen Wirbellosen und Fischen etwas schwieriger, aber nicht unmöglich.

Beckengröße
Ein Paar kann in einem Becken mit einer Grundfläche von 60 x 30 cm bei 50 Litern gehalten werden.

Wasserwerte

Wichtig für eine erfolgreiche Pflege der Krebse ist sauberes, sauerstoffreiches Wasser. Ein häufiger Wasserwechsel regt Fortpflanzung und Häutung an. Da wir in unseren Aquarien keine Heizstäbe benutzen, schwankt die Wassertemperatur im Winter zwischen 15 und 20 °C und im Sommer zwischen 20 und 28 °C. Der pH-Wert kann zwischen 7,5 und 8,0 liegen.

Vergesellschaftung

Kleinere Schnecken und Welse können früher oder später verzehrt werden, große Apfelschnecken, größere Welse und kleine Barsche überleben dagegen bei ausreichender Fütterung der Kruster unbeschadet. Salmler oder Lebendgebärende sind nicht für das Zusammenleben mit diesem Krebs zu empfehlen.

Wasserpflanzen

Pflanzen überleben in den Becken nur schwer, da die Tiere diese fressen oder durch Ausgraben schädigen und zerstören. Die einzigen Pflanzen, die bisher nicht oder kaum angefressen wurden, sind der gehämmerte Wasserkelch (*Cryptocoryne usteriana*) und der Javafarn (*Microsorium pteropus*). Die Lichteinschaltdauer ist der Temperatur angepasst und beträgt im Winter 8 bis 10 Stunden, im Sommer 10 bis 12 Stunden.

Procambarus cubensis, Kuba-Krebs

Aussehen

Dieser graubraune, manchmal grau-bläuliche Krebs gehört ebenfalls zu den Pionieren in der Aquaristik, wobei verlässliche Berichte, wie er den Weg in die Aquarien gefunden hat, fehlen. Diese Art wird kaum über den Handel verkauft, sondern meist von Privat an Privat weitergegeben.

Größe

Kubakrebse erreichen eine Körperlänge von ca. 6 bis 7cm.

Procambarus cubensis von Kuba.

Procambarus cubensis
im Aquarienhandel.

Herkunft
Procambarus cubensis ist auf ganz Kuba weit verbreitet und auch auf der Insel Isla de Pinos zu finden.

Lebensweise
Er besiedelt langsam fließende und stehende Gewässer. Wenn diese einmal austrocknen sollten, graben sich die Tiere kurze Gänge unter Steinen. Besiedelt werden meistens die kühleren Gewässer in den Bergen der Insel. Bemerkenswert ist, dass diese Art das Habitat zusammen mit ca. 10 cm großen Krabben der Gattung *Epilobocera* sp. besiedelt. Ein syntopes Vorkommen von Krabben und Flusskrebsen ist die sehr seltene Ausnahme.

Fütterung
Wie bei vielen anderen Krebsarten, kann auch dieser Art fast alles angeboten werden, was auch in einem Gesellschaftsaquarium verfüttert wird. Zusätzlich ist auch für Grünfutter zu sorgen. Auch dem Kubakrebs sollte man Detritus (trockenes Laub) als Nahrung anbieten.

Beckengröße
Für ein Pärchen reichen Becken von 60 x 30 cm und 50 bis 60 Litern.

Wasserwerte
Hat geringe Ansprüche an die Wasserwerte. Kann ganzjährig bei Zimmertemperatur im ungeheizten Aquarium gehalten werden. Auf den Sauerstoffgehalt sollte ebenso geachtet werden wie auf die allgemeine Wasserpflege im Aquarium.

Vergesellschaftung
Auch diese Art eignet sich hervorragend für ein Gesellschaftsbecken mit größeren Lebendgebärenden oder Salmlern und Welsen, da sie nicht zu groß wird, um gesunde und ausgewachsene Fische ernsthaft zu gefährden. Der Nachwuchs der Fische muss sich jedoch vorsehen, um nicht zwischen die kleinen, schnellen Scheren der Schreitbeine zu gelangen. In unseren Becken können sich Guppys fast ungehemmt vermehren. Schnecken allerdings wer-

den gerne gefressen, dabei können die Weichtiere das Körpergewicht der Krebse übertreffen.

Wasserpflanzen

Die meisten Pflanzen werden von diesen Krebsen nicht so geschädigt, dass man auf ein schön bepflanztes Aquarium verzichten muss. Wenn zu wenig Verstecke vorhanden sind, versuchen die Tiere eine Wohnhöhle zu graben und können dabei natürlich auch Pflanzen ausreißen.

Procambarus milleri, Miami-Höhlenkrebs oder Mandarinenkrebs

Aussehen

Die Farbe variiert von leuchtend orangefarben bis gelblich-orangefarben und sogar die Jungtiere des Mandarinenkrebses sind schon gefärbt. Anders als bei *Procambarus alleni,* wo die männlichen Tiere die längeren Scheren haben, sind bei *Procambarus milleri* die Scheren von Männchen und Weibchen in etwa gleich groß. Weibchen haben ein breiteres Abdomen als Männchen.

Größe

Procambarus milleri, Männchen.

Die Tiere erreichen Körperlängen von 5 bis 6 cm.

Herkunft

Die einzige bisher bekannte Fundstelle ist ein Brunnen im Südwesten von Miami /Florida.

Lebensweise

Wie die Tiere in der Natur leben, ist nicht bekannt, da sie in engen Höhlen- und Spaltensystemen unterirdisch existieren. Das Grundgestein im Vorkommensgebiet besteht aus Kalk. Die Krebse leben von organischem Material, welches durch Spalten und Risse von der Oberfläche her eingeschwemmt wird. *Procambarus milleri* ist eine relativ junge Art, die sich vor etwa 10.000 Jahren, vermutlich aus den nahe verwandten *P. alleni,* entwickelt hat, nachdem einige Exemplare unterirdisch isoliert wurden.

Zucht

Leider gibt es im Handel bisher nur männliche Krebse dieser Art. Wir konnten feststellen, dass die Paarungen das ganze Jahr über stattfinden. Die Weibchen haben Gelege mit 40 bis 100 Eiern, abhängig von der Größe der Tiere.

Fütterung

Auch diesem Krebs kann man die gesamte Palette an Futtermitteln anbieten. Sein Nahrungsbedarf ist allerdings geringer als bei gleich großen Arten, da der Stoffwechsel an das spärliche Angebot unter Tage angepasst ist. Auf alle Fälle sollte man immer Detritus (Laub) anbieten.

Beckengröße

Da die Tiere recht friedlich sind, halten wir mehrere Pärchen in einem 80-Liter-Becken.

Wasserwerte

Als Höhlenbewohner sind diese Krebse konstante Temperaturen gewohnt. Im Aquarium tolerieren Sie Temperaturen von 19 bis 25 °C. Der pH-Wert liegt etwas über dem Neutralwert.

Vergesellschaftung

Procambarus milleri sind durch ihr friedliches Verhalten ideale Flusskrebse für ein Gesellschaftsaquarium. Man sollte sie jedoch nicht mit anderen Krebsen oder großen lebhaften Fischen vergesellschaften, da sie in ihrem natürlichen Biotop weder Konkurrenz noch Feinde kennen. Die innerartliche Aggression ist sehr schwach ausgeprägt, und selbst bei hohen Dichten kommt es kaum zu Auseinandersetzungen zwischen den Tieren.

Wasserpflanzen

Da im natürlichen Lebensraum keine Pflanzen vorkommen, werden lebende Pflanzen nicht oder nur unmerklich als Nahrung genutzt. Wir konnten feststellen, dass Javamoos zaghaft beknabbert wird. Da diese Höhlenkrebse in einem normal beleuchteten Aquarium gepflegt werden können, ist das Wachstum der Pflanzen weitaus rascher als die Beeinträchtigung durch diese Beweidung.

Besonderheit

Dieser erst 1971 beschriebene Krebs ist nur von einer einzigen Fundstelle bekannt. Dabei handelt es sich um einen künstlichen Brunnen. Beim Bohren dieses Brunnens wurden einige Krebse an die Oberfläche gespült. Der Besitzer ist zufällig ein Fischzüchter, welcher die Krebse in einem großen Becken untergebracht hat und auch dort vermehrt. Über das Leben der Tiere in freier Natur ist fast nichts bekannt. Versuche, an weiteren Stellen in Brunnen oder Höhlen diese Krebse zu finden, blieben erfolglos. An der Fundstelle selbst sind bei wissenschaftlichen Untersuchungen mit Fang durch spezielle Reusen nicht einmal eine Hand voll Tiere pro Jahr gefangen worden.

Procambarus sp., Marmorkrebs

Aussehen

Er hat einen schön marmorierten Panzer, der je nach Wasserbedingung unterschiedliche Färbungen aufweisen kann. In kalkhaltigem Wasser zeigen die Tiere eher eine grün-braune Grundfärbung, in saurem Wasser kann sich das nach der Häutung in eine bläuliche Färbung verwandeln.

Procambarus sp., „Marmorkrebs" mit Gelege.

Procambarus sp. „Marmorkrebs".

Größe

Diese Spezies erreicht Körperlängen von 8 bis12 cm.

Herkunft

Da die Bestimmung dieser Art bisher nicht möglich war und auch ungeklärt ist, wie sie den Weg in die Aquaristik gefunden hat, wissen wir bis heute nicht, wo diese Tiere ursprünglich zu Hause waren. Verwandtschaftliche Nähe und auch äußeres Erscheinungsbild lassen darauf schließen, dass die Tiere aus den südlichen USA, sehr wahrscheinlich aus Florida stammen. Es zeigt sich eine starke Ähnlichkeit mit den Krebsarten aus dieser Region und auch genetische Untersuchungen haben eine Vewandtschaft zu *P. fallax* gezeigt.

Lebensweise

Über das Leben in freier Natur fehlen aus oben angeführten Gründen jegliche Informationen. Im Aquarium sind die Tiere sehr genügsam, passen sich an verschiedenste Gegebenheiten leicht an. Bei der Einrichtung des Aquariums sollten vielen Versteckmöglichkeiten geschaffen werden, die man aus Steinen und Wurzeln errichtet.

Zucht

Diese Krebse haben im Jahr 2003 eine wissenschaftliche Sensation ausgelöst, die durch die Fach- aber auch Boulevardpresse rund um die Welt ging. Es wurde anhand dieser Art das erste Mal Parthenogenese (Jungfernzeugung) bei einem Zehnfußkrebs nachgewiesen. Da sich die Tiere durch Parthenogenese fortpflanzen, können sich auch allein gehaltene Tiere ohne jeden Kontakt zu einem anderen Marmorkrebs vermehren. Bisher wurden überhaupt keine Männchen gefunden, über 500 untersuchte Tiere waren alles Weibchen, also auch keine Zwitter (Hermaphrotismus), wie sie sonst bei einigen Flusskrebsen vorkommen.

Diese Krebse vermehren sich unproblematisch und oft so zahlreich, dass es bald zu Platzproblemen im Aquarium kommen kann. Keinesfalls darf man überzählige Tiere in der freien Natur entsorgen, da die Tiere auch bei uns in Mitteleuropa überleben können.

Fütterung

Marmorkrebse fressen ziemlich alles, was in einem Aquarium zu finden ist. Sie nehmen dankbar alle Futtermittel an, sind nicht wählerisch, fressen auch Pflanzen und Schnecken. Sie sind bei ausreichender Proteinversorgung aber keine Fischjäger.

Beckengröße

Zwei bis drei Mamrorkrebse kann man in Becken mit einer Grundfläche von 60 x 30 cm und 50 bis 60 Litern halten. Die Vermehrung kann aber rasant sein, man sollte dies bei der Wahl des Aquariums berücksichtigen.

Wasserwerte

Die Temperatur im Becken kann zwischen 10 und 30 °C betragen, wobei er auch noch tiefere Temperaturen schadlos zu überstehen vermag.

Vergesellschaftung

Gegenüber anderen Aquarienbewohnern verhalten sich diese Krebse normalerweise friedlich, obwohl sie wie andere Krebsarten gelegentlich zu Kannibalismus neigen und die eigenen Jungen oder Artgenossen verspeisen. Auch kranke und bodenlebende Fische können von den Krebsen erbeutet werden.

Wasserpflanzen

Pflanzen dienen eher als Nahrungsquelle und auch härtere Arten wie die verschiedenen Anubias oder Javafarn (*Microsorium pteropus*) werden von diesem Krebs verspeist. Schwimmpflanzen oder Hornkraut haben wohl die längsten Überlebenschancen.

Besonderheit

Bei diesen Krebsen war bis heute noch keine Artbestimmung möglich, weil man dafür bei *Procambarus*-Arten, wie auch bei anderen nordamerikanischen Cambariden unbedingt geschlechtsreife Männchen für die Untersuchung benötigt. Da bisher nur Weibchen gehalten werden, und unbekannt ist woher dieser Krebs stammt, konnte selbst von Flusskrebsexperten in den USA, trotz genetischer Untersuchungen, kein konkretes Ergebnis erzielt werden. Aus den oben erwähnten Gründen ist diese Krebsart bei einer Freisetzung für die einheimischen Krebsarten sehr gefährlich. Während man bei anderen Krebsen zumindest ein Pärchen benötigt, das sich zu einer Paarung findet, der Marmorkrebs schafft dies alleine. Er überlebt auch die tiefen Wintertemperaturen, und es gibt erste freilebende Populationen in Deutschland vorerst nur in Baggerseen. Da er Überträger der Krebspest ist und sich sehr leicht fortpflanzt, ist er eine ernste Bedrohung für unsere Gewässer.

Procambarus spiculifer, Weißdornkrebs

Aussehen
Die Grundfarbe dieses Krebses ist oliv-gelbbraun, das am Carapax durch zwei dunkelbraune Streifen, vom Kopf ausgehend, unterbrochen wird und eine sattelförmige Zeichnung ergibt. Der Hinterleib ist mit dunkelbraunen bis schwarzen Querbinden versehen, am zweiten bis sechsten Segment zeigt sich jeweils ein roter Fleck auf jeder Seite. Der Schwanzfächer ist hellbraun und weist einen dunklen Rand auf. Die Scheren sind dunkelbraun, übersät mit elfenbeinfarbenen Warzen. Auffallend sind die orangeroten Scherenspitzen. Die Schreitbeine sind bläulich mit weißlichen Ringen. Es gibt auch Exemplare mit einer blaugrünen Grundfärbung.

Größe
Gehört zu den großwüchsigen Vertretern der Gattung und erreicht eine Länge von 14 cm.

Procambarus spiculifer aus Georgia (Weißdornkrebs).

Herkunft
USA (Alabama, Georgia, Florida und South Carolina).

Lebensweise
Bewohnt hauptsächlich größere Fließgewässer, lebt versteckt in Vegetation, Wurzeln oder unter Steinen und Schwemmgut.

Fütterung
Omnivor, braucht viel pflanzliche Kost, auch Herbstlaub wird gerne gefressen.

Beckengröße
Für ein Paar sollte man Becken mit einer Grundfläche von 100 x 50 cm und mindestens 200 Litern einplanen.

Wasserwerte
Kann gut bei Zimmertemperatur gehalten werden. Verträgt leichte winterliche Abkühlung ebenso wie hohe Sommertemperaturen. Gewässer, in denen wir diese Krebse gesammelt haben, weisen meist einen niedrigen pH-Wert und hohen Sauerstoffgehalt auf.

Vergesellschaftung
Mit Zwerggarnelen (z.B. Red Cherry) und Saugwelsen problemlos möglich. Da die Art recht groß wird, sind die meisten Fische allerdings potentiell gefährdet. Besonders gilt das nachts wenn die Fische schlafen und die Krebse auf Futtersuche gehen. Die Erfahrungen mit diesen Pfleglingen sind noch nicht sehr umfangreich. Ihr Verhalten ist ähnlich wie bei *P. clarkii,* man sollte also eher vorsichtig mit der Vergesellschaftung mit Fischen sein.

Wasserpflanzen
Bei guter Fütterung sind Wasserpflanzen wie Anubien, Cryptocornien und auch Vallisnerien möglich, obgleich alle Pflanzen beknabbert werden.

Cambarellus shufeldtii, Shufeldts Zwergkrebs

Aussehen
Cambarellus shufeldtii ist ein kleiner rotbraun bis grau gefärbter Krebs, mit dunklen Längsstreifen oder mit in unregelmäßigen Reihen angeordneten Punkten. Es gibt zwei Varianten dieser Art, die in beiden Geschlechtern vorkommen: die gestreifte Form und die punktierte oder marmorierte Form. Die Scheren sind klein, länglich, schmal und glatt, es fehlen die Warzen, die sonst bei den meisten nordamerikanischen Krebsen auf den Scheren vorhanden sind.

Größe
Mit einer Größe von 2 bis 3 cm ist diese Art in der Natur ausgewachsen, wobei es vorkommt, dass Tiere bei guter Pflege in Aquarien auch bis zu 4 cm Länge erreichen können.

Herkunft
Cambarellus shufeldtii kommt an der Golfküste vom südlichen zentralen Texas bis zum südwestlichen Alabama und nordwärts entlang des Mississippi River bis hin nach Lincoln County, Missouri vor.

Lebensweise
Diese Art lebt in verschiedenen Gewässern und sitzt sehr gerne zwischen Wasserpflanzen. Sie ist auch tagaktiv. Die Tiere bauen sich keine komplizierten Gangsysteme oder Höhlen, graben daher auch im Aquarium den Bo-

Cambarellus shufeldtii im Aquarium.

dengrund nicht um. Im natürlichen Lebensraum werden nur bei sinkendem Wasserspiegel oder drohender Austrocknung kleine Hohlräume in den Schlamm gegraben, die völlig abgeschlossen sind und keinen Ausgang zur Oberfläche aufweisen. In diesen kleinen Höhlen versuchen die Tiere die Dürre zu überdauern, um sie erst bei steigendem Wasserstand wieder zu verlassen. Die Lebensspanne eines Weibchens beträgt etwa ein Jahr und in dieser Zeit kann es sich zweimal vermehren. Die Männchen werden mit 15 bis 18 Monaten etwas älter als die Weibchen, allerdings auch später geschlechtsreif. Im Aquarium können die Tiere gelegentlich auch älter werden.

Zucht

Die durchschnittliche Eizahl beträgt etwa 30 bis 40 Stück. Sie benötigen für ihre Entwicklung ungefähr drei Wochen. Während dieser Zeit hängen die Eier am Pleon des Weibchens und werden sorgfältig gepflegt. Die Larven und Jungkrebse sind sehr klein und wären leichte Beute fast aller Fische. Man sollte die Tiere für Zuchtzwecke nicht mit Fischen zusammen halten.

Fütterung

Alle im Handel angebotenen Fischfutterarten können zur Fütterung verwendet werden. Auch Schnecken sind auf dem Speiseplan. Innerhalb kürzester Zeit können sie eine Schneckenplage im Aquarium eindämmen. Besonders die kleinen Schnecken der Gattung *Physa*, die oft Aquarianer zum Verzweifeln bringen, werden von den Krebsen gefressen. Detritus wird zwar gefressen, bildet aber nicht den Hauptteil der aufgenommenen Nahrung.

Beckengröße

Schon kleine Becken ab 30 Litern genügen für eine Zuchtgruppe. Ein Paar kann man auch schon in einem 12-Liter-Aquarium pflegen.

Cambarellus shufeldtii aus Alabama.

Wasserwerte

Das natürliche Verbreitungsgebiet dieser Art ist sehr groß, so dass auch die Wasserwerte in der Natur sehr unterschiedlich sind. Eine allgemeingültige Aussage über die optimalen Werte für diese Art gibt es nicht. Wichtig ist, wie bei jeder Anschaffung von Krebsen, darauf zu achten, dass die Tiere möglichst jung sind. Die Erfahrung hat gezeigt, dass junge Krebse die Strapazen eines Umzugs und die Anpassung an andere Wasserwerte besser überstehen als schon ausgewachsene Tiere. In ihrem natürlichen Verbreitungsgebiet kann die Temperatur schon mal von 1 bis 30 °C schwanken, wobei ein Mittelwert von 18 bis 22 °C im Aquarium zu empfehlen ist.

Vergesellschaftung

Die kleine Größe und das geringe Aggressionsverhalten dieser Art macht sie zu optimalen Aquarientieren, die den Pflanzen und Fischen keinen Schaden zufügen. Sie können in fast jedem Aquarium ohne Probleme gehalten werden.

Wasserpflanzen

Diese Zwergflusskrebse schädigen den Pflanzenbestand im Aquarium nicht oder kaum merkbar.

Cambarellus montezumae, Montezuma-Zwergkrebs

Aussehen

Diese Art ist kräftiger gebaut als die anderen Vertreter derselben Gattung und macht einen robusten Eindruck. Die Grundfarbe dieser Krebse ist gelbbraun oder grünbraun, manchmal mit zwei matten, breiten Streifen auf dem Carapax und dem Abdomen. Auch bei dieser Art können jedoch mehrere Variationen in Farbe und Form auftreten.

Größe

Die Weibchen werden größer als die Männchen und sind mit ca. 3,7 cm ausgewachsen, haben kürzere und breitere Scheren und ein breiteres Abdomen. Die Männchen werden ca. 3,1 cm lang, haben schlanke längliche Scheren und ein längeres Abdomen.

Cambarellus montezumae, Männchen.

Herkunft

Cambarellus montezumae besiedelt Gewässer in den Ebenen, die in den Pazifischen Ozean entwässern, und die Sumpfgebiete im Valley of Mexico in Mexiko.

Lebensweise

Diese Art besiedelt sowohl langsam fließende Flüsse wie auch stehende Gewässer, wenn sie eine dichte Vegetation aufweisen. Sie halten sich bevorzugt in den Wasserpflanzen und im Detritus auf.

Zucht

Zur Zucht braucht man eigentlich nur ein fischfreies Aquarium, da die Jungkrebse winzig sind und selbst von kleinwüchsigen Fischen gefressen werden können. Haben sich die Jungkrebse von der Mutter abgesetzt, sollte man die adulten Tiere in ein anderes Aquarium setzen, da auch diese Krebse kannibalisch sind und somit ihre eigenen Jungtiere fressen. Im Durchschnitt tragen die Weibchen 30 bis 40 Eier unter ihrem Abdomen. Die Eier haben einen Durchmesser von ca. 1,5 Millimetern. Die Lebenserwartung

Cambarellus montezumae, Weibchen.

liegt bei eineinhalb bis zwei Jahren. Die Krebse können aber mehrmals im Jahr Eier legen.

Fütterung

Alle im Handel angebotenen Fischfutterarten können zur Fütterung verwendet werden. Detritus wird zwar gefressen, bildet aber nicht den Hauptteil der aufgenommenen Nahrung.

Beckengröße

Da diese Tiere recht klein bleiben, kann man ein Paar schon in einem Aquarium von 10 bis 12 Litern pflegen. Wir hielten schon fünf bis sechs Tiere in einem 15-Liter-Aquarium.

Wasserwerte

Auch diese Krebse sind relativ problemlos zu pflegen, da sie recht anspruchslos sind. In ihrem natürlichen Verbreitungsgebiet kann die Temperatur schon einmal von 10 bis 30 °C schwanken, wobei ein Mittelwert von 18 bis 22 °C für das Aquarium zu empfehlen ist.

Vergesellschaftung

Da die Krebse der Gattung *Cambarellus* nicht allzu groß werden, kann man sie gefahrlos in ein Gesellschaftsaquarium einsetzen. Platys, Guppys und mittelgroße bis kleine Salmler passen wunderbar zu dieser Art. Von Skalaren und größeren Barschen könnten diese kleinen Kruster allerdings gefressen werden. Abzuraten ist auch eine Vergesellschaftung mit Mangrovenkrabben, ebenso wie eine Vergesellschaftung mit kleinen Garnelen der Gattung *Caridina*. In einem dicht besetzten Becken versuchen sich die Krebse mit den Garnelen zu verpaaren und bei diesem Versuch kommen die Garnelen oft zu Schaden, da sie dabei Gliedmaßen verlieren oder auch gefressen werden. Eine Vergesellschaftung mit Großarmgarnelen kann ebenfalls nicht empfohlen werden. Besonders bei der Häutung sind die Zwergkrebse stark gefährdet. Antennenwelse und andere Saugwelse sind allerdings keine Gefahr.

Wasserpflanzen

Diese Art kann man bedenkenlos auch für jedes schön bepflanzte Aquarium empfehlen.

Cambarellus patzcuarensis, Patzcuaro-Zwergkrebs

Aussehen

In ihrem ursprünglichen Habitat (See) haben die Tiere eine eher hellbraune oder dunkelbraune Färbung. Viele der Tiere haben dunkle Streifen auf der Oberseite und manche von ihnen kleine helle und dunkle Flecken. Bei uns ist aber vor allem die orangefarbene Farbform, die ebenfalls diese Musterungen aufweist und in beiden Geschlechtern auftritt, bekannt. Die Scheren der Weibchen sind bei *C. patzcuarensis,* wie bei fast allen *Cambarellus*-Arten, kürzer und dicker als die der Männchen. Auch im Körperbau wirken die Männchen wesentlich schlanker und bei weitem nicht so robust wie die Weibchen.

Größe

In der Regel sind adulte Weibchen größer als erwachsene Männchen. Bei guter Pflege können Weibchen im Aquarium bis zu 5 cm lang werden. Die Männchen bleiben deutlich kleiner.

Cambarellus patzcuarensis aus dem Patzcuarosee in Mexico.

Cambarellus patzcuarensis „orange", Weibchen mit Gelege.

Herkunft

Es handelt sich hierbei um einen Zwergkrebs der Gattung *Cambarellus* aus dem Hochland von Mexiko. *C. patzcuarensis* kommt nur in der Gegend um den Lago Patzcuaro vor, der im Bundesstaat Michoacan liegt. Beschrieben ist die Art aus dem See selbst, doch ist davon auszugehen, dass auch die umliegenden Gewässer besiedelt werden.

Lebensweise

Cambarellus patzcuarensis ist ein Krebs, der sowohl nachts als auch tagsüber sehr aktiv ist und sich daher gut als Aquarienbewohner eignet. Im Patzcuarosee sind diese Krebse sehr häufig in der Uferregion im dichten Wasserpflanzenbewuchs zu finden. Die Weibchen werden meistens älter als die

Männchen und können unter guten Bedingungen ein Alter von zwei Jahren erreichen. Die Männchen haben eine Lebenserwartung von etwa eineinhalb Jahren.

Zucht

Weibchen können bis zu vier Mal Jungtiere austragen und somit für reichlich Nachwuchs sorgen. Je nach Größe werden zwischen 25 und 50 Eier oder Jungtiere unter dem Pleon (Hinterleib) mitgeführt. Sehr oft ist allerdings auch zu beobachten, dass die Tiere unbefruchtete Eier tragen. Diese sind gelb-orangefarben und lassen sich leicht von den befruchteten Eiern unterscheiden, die dunkelbraun gefärbt sind. Meistens entfernen die Weibchen diese Eier, damit nicht das ganze Gelege verpilzt. Unserer Erfahrung nach hat das nicht unmittelbar etwas mit dem pH-Wert oder dem Härtegrad des Wassers zu tun, denn es sind erfolgreiche Zuchten unter Bedingungen bestätigt, deren Härtegrad des Wassers weit unter dem des Patzcuarosees liegen. Das gilt auch für den pH-Wert. Im Patzcuarosee liegt er zwischen 8 und 9, kann aber auch, wie eine Messung im Jahr 1995 ergab, bei 7,5 liegen. Da diese Krebse tagaktiv sind, kann man mit etwas Glück wiederholt eine Paarung beobachten. Zeigen die Tiere Unlust, kann man ein wenig nachhelfen, indem man Männchen und Weibchen einige Tage getrennt hält. Setzt man sie dann in einem kleinen Behältnis, wie einem Eimer oder einer kleineren Schale, zusammen, kommt es oft zu einer spontanen Paarung.

Futter

Auf der Speisekarte stehen alle im Handel angebotenen Futtersorten, aber auch Rohkost nehmen die Tiere gerne. Wie auch bei C. montezumae bildet Detritus nicht den Hauptanteil der Nahrung, Laub sollte dennoch immer im Aquarium vorhanden sein.

Beckengröße

Da diese Krebse klein bleiben, ist ein Aquarium schon ab 12 Litern für drei bis vier Tiere geeignet.

Wasserwerte

Die Wassertemperatur des Lago Patzcuaro schwankt zwischen 15 und 25 °C, wobei in den flachen Uferregionen unter Sonneneinstrahlung auch höhere Temperaturen gemessen wurden. Im Aquarium ist eine Heizung aus diesem Grund nicht unbedingt nötig, es sei denn, man pflegt die Krebse mit Fischen oder anderen Wirbellosen gemeinsam, die höhere Temperaturen benötigen.

Vergesellschaftung

Zu vermeiden ist eine Vergesellschaftung mit kleinen Garnelen der Gattung Caridina. In einem dicht besetzten Becken versuchen sich die Krebse mit den Garnelen zu verpaaren und bei diesem Versuch kommen die Garnelen oft zu Schaden, da sie dabei Gliedmaßen verlieren oder auch gefressen werden. Eine Vergesellschaftung mit Großarmgarnelen kann ebenfalls nicht empfohlen werden. Besonders bei der Häutung sind die Zwergkrebse stark gefährdet und es ist schon vorgekommen, dass Machrobrachium-Arten selbst adulte Procambarus, welche viel größer als Cambarellus-Arten sind, nach der Häutung getötet haben. Fische bleiben von diesen Krebsen völlig unbehelligt. Bei einer Schneckenplage können die kleinen Kruster allerdings Wunder bewirken und das Aquarium in Kürze von den Schnecken befreien.

Wasserpflanzen
Die Pflanzen im Becken werden von diesen Krebsen kaum gefressen. Man muss daher nicht auf ein schön bepflanztes Aquarium verzichten, was bei vielen anderen Krebsarten leider der Fall ist.

Orconectes limosus, Kamberkrebs

Aussehen
Die Grundfarbe ist ein helles Gelbbraun. Auf dem Hinterleib sind deutliche dunkelbraune bis karminrote Querbänder auf jedem Segment zu sehen. Die Scherenspitzen sind orangerot gefärbt und durch einen dunkelblauen bis schwarzen Bereich zum restlichen Scherenfinger hin begrenzt. Kann leicht mit *O. immunis* verwechselt werden. Unterscheidungsmerkmal ist die deutliche Bedornung des Kamberkrebses seitlich am Carapax.

Größe
Kamberkrebse bleiben eher klein und erreichen eine Länge von 10 cm, Männchen und Weibchen werden etwa gleich groß. Es gibt keine deutlichen Geschlechtsunterschiede im Körperbau, auch die Scheren sind bei den Männchen nicht viel mächtiger ausgebildet.

Herkunft
Östliches Nordamerika, wurde in Europa 1890 bewusst eingebürgert, um die wirtschaftlichen Verluste durch die Krebspest auszugleichen und die aussterbenden heimischen Krebsarten zu ersetzten. Dies hat sich leider als fataler Fehler entpuppt, denn heute sind die amerikanischen Krebse die Hauptursache für die Bedrohung der europäischen Arten. Er hat sich in allen großen mitteleuropäischen Strömen verbreitet. Ist auch in einigen Alpenseen, wo er zum Teil eingesetzt wurde, aber auch als Angelköder eingeschleppt wurde, zu finden.

Lebensweise
Ganztägig aktiver Krebs, der nicht an eine Wohnhöhle gebunden ist. Sitzt auch am Boden (bei trübem Wasser) oder in Wasserpflanzenfeldern.

Zucht
Die Paarung findet im Herbst bei sinkender Wassertemperatur statt. Die Krebse kopulieren bauchseitig aneinander liegend, dabei verhaken sich die Männchen mit ihren Ischiumhaken in den Beinhäuten der Weibchen. Die Tiere liegen oft sehr lange reglos da, wir konnten Paarungen von bis zu 24 Stunden Dauer beobachten. Nach der Begattung sieht man am Weibchen keine Spermatophoren. Der Eiausstoß findet erst Monate später, etwa im April, statt. Dann entwickeln sich die Eier bei steigenden Wassertemperaturen sehr rasch und die Jungkrebse erscheinen im Mai (je nach Wassertemperatur).

Fütterung
Omnivor, frisst alles organische und pflanzliche Material. Braucht aber unbedingt auch Eiweiß, sonst werden die Tiere äußerst aggressiv und schrecken selbst vor Artgenossen nicht zurück.

Beckengröße
Ein Paar kann in Becken mit einer Grundfläche von 60 x 30 cm und 50-60 Litern gehalten werden.

Wassertemperatur

Da die Tiere in Europa problemlos überleben, sollte der Temperaturverlauf im Jahreszyklus etwa wie in freier Natur sein. Kann aber auch dauerhaft bei Zimmertemperatur gehalten werden. Die Tiere sind winterhart, sollten aber trotzdem keinesfalls in Gartenteichen gehalten werden, da die Gefahr des Entweichens zu groß ist.

Wasserwerte

Keine besonderen Ansprüche, er hat auch die starke Verschmutzung der europäischen Flüsse überlebt. Eher hartes Wasser mit hoher Leitfähigkeit.

Vergesellschaftung

Auf keinen Fall mit anderen Krebsen vergesellschaften, auch nicht mit größeren Arten wie dem Signalkrebs. Der kleinere Kamberkrebs tötet den doppelt so großen Signalkrebs spätestens bei der Häutung.

Wasserpflanzen

Wasserpflanzen werden gefressen und auch ausgegraben. Man sollte nur harte und treibende Arten oder Schwimmpflanzen verwenden, also dichte Büschel von Wasserpest oder Hornkraut im Becken haben.

Orconectes immunis, Kalliko-Krebs

Aussehen

Die Farbe dieses Krebses ist ein dunkles Grau mit leicht olivegrüner oder ansatzweise violetter Färbung. Auf dem Rücken, entlang der Mitte des Carapax, zieht sich ein hellgraues Muster bis hin zum Abdomen. Die Scheren sind meistens hellgrau, lila oder pinkfarben an den Spitzen. Wir konnten in Deutschland bei frei lebenden Populationen sogar einige blaue Tiere fan-

Orconectes immunis, blaues Jungtier aus Brühl.

gen. Kann leicht mit *O. limosus* verwechselt werden. Unterscheidungsmerkmal ist die Bedornung des Kamberkrebses seitlich am Carapax.

Größe

Orconectes immunis wird etwa 4,5 bis 9,0 cm groß.

Herkunft

Orconectes immunis kommt in Nordamerika von Quebec/Kanada über Maine und Connecticut bis zu den Great Lakes vor. Er ist auch im Einzugsgebiet des Ohio River zu finden und besiedelt den Mississippi River über das Missouri-River-Einzugsgebiet bis ins nordostliche Colorado, Wyoming und Dakota/USA. Seit Mitte der 1990er Jahre ist auch eine freilebende Population im Süden Deutschlands (in der Nähe von Karlsruhe) bekannt, die vermutlich ihren Ursprung in privat importierten und dann ausgesetzten Aquarientieren hat, da diese Art noch nicht in Zoogeschäften gehandelt wurde. Die Population ist derzeit in Ausbreitung begriffen und verdrängt dabei den schon länger vorkommenden Kamberkrebs, *O. limosus*.

Lebensweise

Diese Krebse sind in Flüssen mit sehr trübem und schlammigem Wasser häufig anzutreffen. Größere Vorkommen dieser Krebse sind auch dort zu beobachten, wo andere Krebsarten kaum vorhanden oder nur sehr selten sind und kaum Fressfeinde das Habitat besiedeln.

Fütterung

Omnivor, frisst alles organische Material. In der Natur ernähren sich diese Krebse hauptsächlich von kleineren Wirbellosen und von Detritus (Herbstlaub füttern). Im Aquarium kann man die ganze Futterpalette des Zoohandels füttern und auch kleine Portionen Gemüse nehmen die Krebse gerne an.

Beckengröße

Ein Paar kann in Becken mit einer Grundfläche von 60 x 30 cm und 50 bis 60 Litern gehalten werden.

Wassertemperatur

Da die Tiere in Europa problemlos überleben, sollte der Temperaturverlauf im Jahreszyklus wie in freier Natur sein. Kann aber auch dauerhaft bei Zimmertemperatur gehalten werden.

Wasserwerte
Keine besonderen Ansprüche, kann auch in leicht belasteten Gewässern überleben, sehr ähnlich dem Kamberkrebs.

Vergesellschaftung
Der neu in Europa aufgetauchte Kallikokrebs verdrängt den schon lange bei uns lebenden Kamberkrebs in den Lebensräumen, wo beide vorkommen. Man sollte daher die Tiere nicht mit anderen Krebsen vergesellschaften. Erfahrungen mit Fischen liegen nicht vor.

Wasserpflanzen
Da Wasserpflanzen gerne gefressen werden, sollten nur raschwüchsige Arten, am besten Schwimmpflanzen wie *Elodea canadiensis* oder *Egeria densa* verwendet werden.

Pacifastacus leniusculus, Signalkrebs

Aussehen
Dieser einheitlich braune Krebs hat eine sehr glatte Panzeroberfläche, auch die Scheren sind glatt. An den Scherenbeinen und dem Kopfstück können einige sehr spitze Dornen ausgebildet sein. Deutliches Erkennungs- und Unterscheidungsmerkmal gegenüber dem Edelkrebs ist der weiße bis blaue Signalfleck am Gelenk des beweglichen Scherenfingers. Die Unterseite der Scheren ist leuchtend rot. Er hat wie der Edelkrebs zwei Postorbitalknoten.

Pacifastacus leniusculus.

Größe

Der Signalkrebs ist ein großwüchsiger Flusskrebs und wird sehr oft mit dem europäischen Edelkrebs verwechselt. Er kann eine Köperlänge von 18 cm erreichen. Bei den Größenangaben ist zu beachten, dass immer wieder Einzelexemplare, wenn auch sehr selten, vorkommen, die diese Angaben bei weitem übertreffen.

Herkunft

Der Signalkrebs stammt ursprünglich aus dem Gebiet westlich der Rocky-Mountains von Kalifornien nordwärts bis nach Kanada. Er wurde im 20. Jahrhundert in Europa bewusst angesiedelt und hat weite Teile des Kontinents erobert.

Lebensweise

Ist dämmerungs- und nachtaktiv, besiedelt alle Gewässerarten, von kleinen Bächen und Teichen bis hin zu Seen und auch großen Flüssen. Ist aggressiver als unser Edelkrebs.

Zucht

Die Zucht im Aquarium ist schwierig, da herbstliche Abkühlung Voraussetzung für das Paarungsgeschehen ist. In freier Natur beginnt dies etwa Ende Oktober, nach der Paarung werden die Eier (bis zu 400 Stück) ausgestoßen und am Hinterleib befestigt. Die Weibchen tragen das Gelege bis Mai mit sich herum. Dann schlüpfen die Larven, nach der Häutung werden die dann fertigen Jungkrebse selbstständig. Sehr rasches Jugendwachstum für einen Kaltwasserkrebs.

Fütterung

Omnivor, gleiches Nahrungsspektrum wie unsere heimischen Flusskrebse, allerdings ist er, was Frische und Qualität angeht, nicht sehr wählerisch. Schnecken und Insektenlarven werden selbst in größeren Teichen ausgerottet. Auch Wasserpflanzen verschwinden oft gänzlich. Im Aquarium wird so ziemlich alles organische Material und sämtliche Futtermittel gefressen.

Beckengröße

Die Tiere benötigen ein Becken mit einer Grundfläche von 100 x 50 cm und mindestens 200 Litern.

Wasserwerte

Hat eine breite Toleranz in Bezug auf pH-Wert und Wasserhärte. Kommt ebenso in weichem, saurem Milieu in Urgesteinsgewässern wie in harten, kalkhaltigen Gewässern vor. Werte zwischen 5,5 und 8,5 werden gut vertragen, ideal ist kalkhaltiges Wasser mit pH-Werten zwischen 7 und 8.

Wassertemperatur

Sommerwarm (bis 26 °C) und im Winter kalt (bis 4 °C). Winterhart, überlebt in Europa ohne Probleme und verdrängt durch Konkurrenz und die Übertragung der Krebspest die heimischen Arten.

Vergesellschaftung

Eine Vergesellschaftung mit anderen Wasserbewohnern ist meist zum Scheitern verurteilt. Es empfiehlt sich ein Artenbecken.

Wasserpflanzen

Werden alle gefressen oder ausgerissen, nur Schwimmpflanzen und treibende Arten sind möglich.

Cambarus diogenes
aus Kentucky.

Cambarus diogenes, Diogenes-Maulwurfkrebs

Diese Flusskrebsart ist eigentlich kein typisches Aquarientier und soll hier nur stellvertretend angeführt werden, weil immer öfter Krebse mit dieser interessanten Lebensweise im Handel auftauchen und über ihre Lebensansprüche und artgerechte Pflege keine Informationen vorliegen. Die Tiere können natürlich auch in einem wassergefüllten Aquarium überleben, dies entspricht aber nicht ihrer Lebensweise. Alle zu den „primary burrower" gehörenden Arten, die wir Maulwurfkrebse nennen, leben eher wie ebendiese Maulwürfe im Boden, legen ähnlich komplexe Gangsysteme an und werfen auch kunstvolle Hügel, sogenannte Chimneys oder Krebshügel aus, die bis zu 30 cm hoch sein können. Natürlich kann man diese Tiere auch so halten, dass ihren Lebensansprüchen entsprochen wird, nur sieht man die Krebse dann praktisch nie, da sie überwiegend unter Tage leben. Ein entsprechendes Becken ist auch nicht sonderlich attraktiv, weil man es mit Sand und Schlamm anfüllen muss, der so bindend sein sollte, dass sich die Krebse ihre Wohnröhren anlegen können.

Aussehen
Dieser kräftig gebaute Krebs kann in Form und Farbe stark variieren. Die Grundfarbe ist Olivegrün oder Gelbbraun. Die Spitzen der Scheren können orangefarben oder rot gezeichnet sein. Die Ränder des Rostrums sind orange-rot, ebenso wie die Ränder des Schwanzfächers und des Hinterleibes. Der Schwanzfächer dieser Tiere ist ebenfalls rot bis orangefarben.

Größe
Die Tiere erreichen eine Länge von 8 bis 12 cm.

Herkunft
C. diogenes ist von Kanada (Ontario) südwärts, in den USA bis nach Florida weit verbreitet. Es ist allerdings anzunehmen, dass mehrere Arten bisher als eine Art geführt werden. Eine genaue Untersuchung dieser Gruppe durch

den Flusskrebsexperten Roger Thoma wird demnächst sicher neue Erkenntnisse bringen.

Lebensweise

Grabender Krebs, der in selbst errichteten, komplexen Gangsystemen im Erdreich lebt. Diese reichen bis an den Grundwasserspiegel, in benachbarten Gewässern sind adulte Tiere praktisch nie zu finden. Sie meiden das offene Wasser, wo immer es geht.

Fütterung

Über die spezielle Ernährung dieser Tiere ist wenig bekannt. Sie fressen aber alles organische Material, hauptsächlich Laub, Wurzeln und bodenlebende Insekten und Würmer.

Beckengröße

Ab 100 x 50 cm Grundfläche für zwei Tiere. Die Erd/Sandschicht sollte mindestens 40 cm stark sein, der Wasserspiegel im Erdreich braucht nur 5 cm betragen. Es ist nur ein kleiner Freiwasserbereich notwendig; Filterung und Wasserreinhaltung und -wechsel sind eine Herausforderung für den kreativen Pfleger. Man kann die Tiere allerdings auch im Wasser halten, ob dies auf Dauer artgerecht ist, sei dahingestellt.

Schema eines Aquaterrariums für
Maulwurfkrebse der Gattung *Cambarus*

Vom Wasserteil fließt das Wasser über die Oberkante der eingeklebten Glasscheibe (rot), dann durch den Sandkörper und die Filtermatte in den Hohlraum, wo auch die Kreiselpumpe (oder Luftheber) untergebracht ist. Von dort wird das Wasser wieder in den Wasserteil gepumpt. Der Wasserspiegel im Sandkörper braucht nur wenige Zentimeter (4 bis 5 cm) hoch sein und ist hier als Grundwasserspiegel (oberste hellblaue Linie) eingezeichnet. Der Sandkörper muss aus bindendem Material sein, damit die Krebse ihre Wohnhöhlen anlegen können.

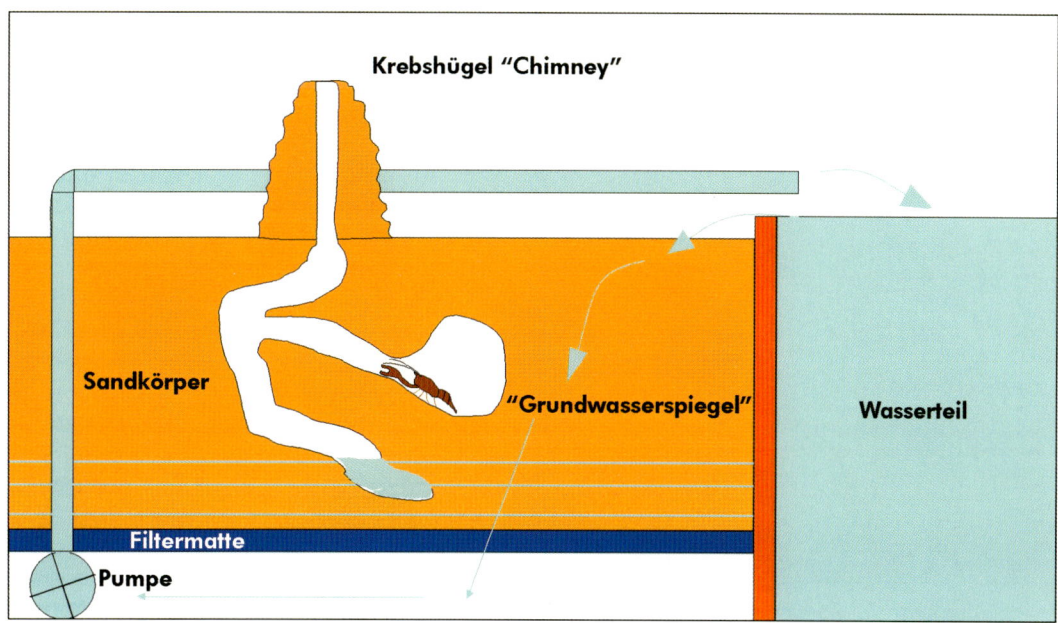

Wassertemperatur
Die Tiere könnten bei Zimmertemperatur gehalten werden.
Wasserwerte
Keine Angaben, weil die Tiere nicht in Gewässern leben.
Vergesellschaftung
Hält man die Krebse in einem Aquarium, stellt man bald fest, dass sie sehr aggressiv sind und fast alles angreifen, was sich bewegt. Eine Vergesellschaftung ist daher mit hohem Risiko für andere Aquarienbewohner verbunden. Auch Artgenossen werden nicht geduldet. Selbst ein Pärchen zu halten erfordert sehr große Becken.
Wasserpflanzen
Die Aquarienpflanzen werden nur kurze Zeit in Ruhe gelassen, dann werden sie meist ausgegraben oder gefressen.
Besonderheiten
Viele der *Cambarus*-Arten, die im Boden leben, weisen interessante Färbungen auf. Dies liegt daran, dass es in der Dunkelheit der Grabgänge egal ist, ob man bunt und auffällig gefärbt ist, denn ein eventueller Fressfeind kann die Signalwirkung von Farben ja nicht erkennen. In einem Gewässer wäre es bei Tageslicht für diese Tiere sehr gefährlich, aufgrund ihrer Farbe von Beutegreifern leicht erwischt zu werden. Die menschliche Bewertung, die farbig und bunt höher einschätzt, existiert in der Natur nicht. Die Evolution malt nicht nur dort in vollen Farben, wo es Sinn macht (wie z.B. Signalwirkung bei den Blumen), sondern auch dort, wo nichts (etwa ein Selektionsnachteil) dagegen spricht.

Weitere amerikanische Flusskebse

Orconectes luteus aus Missouri.

In jüngster Zeit kommen immer mehr Flusskrebsarten aus Nordamerika zu uns den Aquarienhandel. Ähnlich wie bei den oben beschriebenen *Cambarus*-Arten werden hier Tiere verkauft, die nur in ein Artaquarium gehören. Die meisten Vertreter der *Orconectes*-Arten sind Fluss- oder Bachbewohner und brauchen eine winterliche Abkühlung, damit sie sich wohl fühlen. Ihre Pflege ist den Spezialisten vorbehalten. Die Lebensansprüche der jeweiligen Arten unterscheiden sich erheblich. Die Bandbreite reicht von sehr empfindlichen Tieren, ähnlich unserem Steinkrebs (*A. torrentium*)

bis hin zu weniger anspruchsvollen Vertretern wie
O. limosus.

Es gibt auch in der Gattung *Procambarus* eine
Vielzahl sehr attraktiver Vertreter, die einerseits
durch ihr ungestümes und aggressives Verhalten,
andererseits aber auch durch ihre verborgene und
versteckte Lebensweise für den Aquarianer wenig
Freude bringen. Die einen verwüsten das Aquarium und gestalten es durch intensive Grabtätigkeit
nach ihren Vorstellungen um, andere bekommt
man wiederum kaum zu Gesicht, weil sie, wenn
überhaupt, nur nachts aus den Verstecken (oder
Grabgängen) kommen. Es sind auch dies Arten,
die nur für Spezialisten zu empfehlen sind, daher wird in diesem Buch nicht
näher darauf eingegangen.

Fische der Gattung
Etheostoma sind häufig im
selben Habitat zu finden
wie viele Krebsarten.

Wie man sehen kann, sind die Tiere zum Teil wunderschön gezeichnet und
auch farblich attraktiv, allerdings sollte man sich davon nicht zu einem un-
überlegten Kauf verführen lassen. Wir wollen hier keinesfalls die Freude an
der Haltung dieser Tiere verderben, sondern nur eindringlich darauf hinweisen, dass diese Arten spezielle Pflege brauchen. Auf alle Arten einzugehen,
würde den Rahmen dieses Buches sprengen.

Leider kommt es nach Spontankäufen und den ersten Problemen daheim
im Becken immer wieder vor, dass unüberlegt erworbene Tiere nach einiger Zeit in Gewässern ausgesetzt werden. Ein Frei-
setzen ist bei dieser Gruppe besonders gefährlich,
da viele dieser Arten auch bei uns in Europa im
Freiland überleben und reproduzierende Populationen bilden können (s. Kap. Krankheiten).

Cambarus girardianus
aus Tennessee.

Procambarus pymaeus
aus Florida kurz nach der
Häutung

Unbeschriebene *Cambarus*-Art aus South Carolina.

Cambarus speciosus aus Georgia.

Cambarus rusticiformis.

Orconectes barranensis.

Orconectes durellis.

Procambarus versutus.

Cambarus halli.

Cambarus girardianus aus Tennessee.

Cambarus manningi.

Cambarus fasciatus
aus Georgia.

Cambarus howardi aus Georgia.

Orconectes neglectus aus Missouri.

Cherax destructor „blue".

Flusskrebse aus Australien

*Cherax destructo*r, Yabby

Aussehen
Diese Art hat eine große Farbvariabilität und kann schwarz bis braun, oran-
ge, blau, ockergelb, grünblau, olivegrün oder grau-weiß gefärbt sein. Die
Scheren sind breit, glatt und rundlich und haben ein helleres Muster auf der
Oberseite.

Größe
Weibchen bleiben meistens kleiner als gleich alte Männchen. Diese können
zu einer beachtlichen Größe heranwachsen und bis zu 300 Gramm schwer
werden. Die durchschnittliche Größe beträgt jedoch 7 bis 20 cm Länge.

Herkunft
Cherax destructor kommt in ganz Victoria und New South Wales, im südlichen
Teil Queenslands, in Südaustralien und in Gebieten des Northern Territory vor.

Lebensweise
Für gewöhnlich leben Yabbys in Gewässern, die trüb sind, sehr langsam flie-
ßen und meist eine sehr dichte Vegetation aufweisen. Aber auch in den warmen Tümpeln des Inlands, den Billabongs, wie sie von den Einheimischen

genannt werden, und in Kanälen und Sümpfen mit vielen Versteckmöglich-keiten sind die Yabbys zu finden, denn sie brauchen den Schutz vor räube-rischen Vögeln und Fischen. In glasklaren Bächen oder Seen sind sie nicht so häufig anzutreffen. Auch außerhalb des Wassers kann *Cherax destructor* mehrere Monate überleben, vorausgesetzt seine Kiemen können feucht ge-halten werden (die Luftfeuchtigkeit sollte sehr hoch sein). Um den Dürrepe-rioden zu entkommen, kann sich der Krebs tief eingraben und einige Mo-nate in der Kammer am tiefsten Punkt seines Ganges überdauern. Der Krebs folgt dem sinkenden Wasserspiegel immer tiefer, um den Kontakt zum le-bensrettenden Nass aufrecht zu halten. Es wurden Yabbys in Gängen mit der Tiefe von fünf Metern gefunden. Das Höchstalter von *Cherax destructor* in freier Natur liegt bei vier bis fünf Jahren. Tiere im Aquarium können bei gu-ter Pflege auch wesentlich älter werden.

Zucht

Yabby-Weibchen produzieren pro Jahr abhängig von ihrer Körpergröße et-wa 500 bis 1.000 Jungtiere. Davon überleben in freier Natur nur wenige das erste Jahr. Auch unter aquaristischen Bedingungen ist es kaum möglich, al-le Jungtiere aufzuziehen, der Platzbedarf wäre enorm. Nach der Paarung halten sich die Weibchen versteckt und leben zurückgezogen in einer Höh-le. Sie verlassen ihr Versteck meist nur bei Dunkelheit, um ein wenig Nah-rung aufzunehmen. Die Eier sind oval und unregelmäßig geformt und wer-den von den Muttertieren intensiv gepflegt. Man sollte die Weibchen kei-nesfalls stören, sonst kann es zu Gelegeverlusten kommen, da die Tiere ih-re eigenen Eier auffressen. Die Tragzeit beträgt etwa drei Wochen, abhän-gig von der Temperatur, dann schlüpfen die ersten Larven aus den Eiern. Die Jungtiere haben ihre Scherenspitzen zu winzigen Haken umgeformt, mit wel-chen sie sich an den Pleopoden (Schwimmbeine) ihrer Mutter festhalten.

Fütterung

Die Futterpalette ist sehr breit gefächert. Lebende Rote Mückenlarven oder Frostfutter werden gerne genommen. Getreidekörner von Mais, Weizen

Cherax destructor aus Australien.

oder Roggen sind sehr beliebt, auch Karotten, Erbsen, gekochte Kartoffeln. Jegliches Grünzeug aus dem Garten, Salat (ungespritzt) und alle in der Aquaristik gebräuchlichen Futtermittel von Flocken bis Tabletten

Beckengröße

Die optimale Beckengröße für ein Paar wäre ein Aquarium mit einer Grundfläche von 80 x 40 cm und etwa 100 Litern Inhalt. Wir konnten zwar für einige Zeit (für ca. 3 Monate) eine Dreiergruppe (ein Männchen und zwei Weibchen) erfolgreich in einem 60-Liter-Becken halten, ohne dass es während der Häutungen oder danach zu Verletzungen oder Todesfällen gekommen wäre, auf Dauer ist diese Dichte aber nicht zu empfehlen.

Wasserwerte

Der Yabby hat eine sehr große Temperaturtoleranz und erträgt Extreme von 1 bis 35 °C. Man sollte aber dafür sorgen, dass die Wassertemperatur nicht unter 16 °C absinkt, da die Tiere dann ihre Nahrungsaufnahme einstellen und auch nicht mehr wachsen. Die optimale Haltungstemperatur liegt zwischen 20 und 28 °C und man sollte im Interesse der Tiere diesen Bereich einhalten. Der pH-Wert beträgt in seinen Heimatgewässern 7,5 bis 10,5; nur selten finden sich Populationen in Gewässern unter pH 7. Yabbys sind auch gegenüber dem Salzgehalt des Wassers sehr tolerant.

Vergesellschaftung

Destructor heißt zwar der Zerstörer, doch im Aquarium verhält er sich gegenüber Artgenossen sehr friedlich. Auch Fischen gegenüber konnte kein auffällig aggressives Verhalten beobachtet werden. In einem Becken mit den Maßen 60 x 40 x 40 konnten drei Yabbys (ein Männchen und zwei Weibchen) mehrere Monate gepflegt werden, ohne dass es zu einem Zwischenfall gekommen wäre. Die Tiere teilten sich sogar dieselbe Höhle, die sich das Männchen ausgegraben hatte und waren im Umgang miteinander sehr friedlich.

Wasserpflanzen

Ein schön bepflanztes Aquarium ist sicherlich nicht von langer Dauer. Die Krebse fressen die Pflanzen zwar nicht, aber sie versuchen sich unter ihnen zu verstecken und graben sie dabei aus. Manchmal stehen Pflanzen den Tieren beim Herummarschieren einfach nur im Weg und werden ausgerissen. Das passiert auch, wenn der Krebs das Aquarium nach seinen Wünschen umgestaltet und dabei der Kies oder auch größere Steine bewegt werden. Schon nach einer Nacht kann das Aquarium ganz anders aussehen als am Abend zuvor.

Besonderheiten

Einer der ersten Krebse, die über den Speisekrebshandel importiert wurden. In Australien werden jährlich etwa 200 Tonnen in Teichanlagen und Becken produziert. Die schön gezeichneten oder blau gefärbten Tiere fanden den Weg zu einigen Zoohändlern. Auch heute werden diese Tiere noch als Speisekrebse gehandelt. Es wird immer wieder versucht, solche Tiere für die Aquaristik zu erwerben. Allerdings werden Speisekrebse abrupt gekühlt transportiert und auch im kühlen Wasser gehältert. Die Tiere können sich nur schlecht wieder auf normale Temperaturen umgewöhnen und ein Großteil verendet bald nach dem Einsetzen. Auch ist die Gefahr, dass die Tiere mit Krankheitserregern anderer Krebsarten in Kontakt kamen sehr hoch, da

im Speisekrebshandel niemand darauf Rücksicht nimmt. Tiere für die Aquaristik treten ihre lange Reise unter ganz anderen, schonenderen Bedingungen an.

Cherax quadricarinatus, Red-Claw oder Rotscherenkrebs

Aussehen

Die Farbe dieser Tiere kann von blaugrün, über bläulich bis fast schwarz reichen. Der Carapax ist mit gelblichen und rosa Flecken übersät, der Hinterleib weist gelbe Querstreifen und rötliche Flecken auf. Die männlichen Tiere zeigen ab Geschlechtsreife (etwa KL 6 cm +) einen deutlichen, leuchtend
roten Fleck auf den Scherenaußenkanten (Red Claw). Auf den Scherenfin-
gern findet sich an der Innenseite ein grauer Flaum. Am Merus findet sich
ein bürstenförmiges Haarbüschel. In jüngster Zeit sind verschiedene Farbvarianten dieser Tiere in den Handel gekommen. Vorsicht, Verwechslungsge-
fahr! Auch *Ch. lorentzi* zeigt den roten Scherenfleck, allerdings schon ab ei-

Cherax quadricarinatus
Weibchen mit Larven.

Cherax quadricarinatus Männchen.

Cherax quadricarinatus.

Cherax quadricarinatus, blaues Weibchen.

ner Größe von 4 cm, da die Tiere viel kleiner bleiben. Ebenso verhält es sich mit *Ch. albertisii*, allerdings sind seine Scheren extrem lang und schmal.

Größe

Die Tiere werden 20 cm lang; auch im Aquarium erreichen sie beträchtliche Ausmaße. Das Höchstgewicht von bis zu 600 Gramm ist selten, aber die Hälfte dieses Spitzenwertes ist bei Aquarientieren keine Seltenheit.

Herkunft

Nördliches Australien, Northern Territory und Queensland, auch in Papua-Neuguinea; wichtiger Krebs in der Speisekrebsproduktion. Wird auch in Südamerika, auf Hawaii und in Israel produziert.

Lebensweise

Bewohnt alle Gewässertypen im nördlichen Australien, stehende und fließende, große Flüsse ebenso wie temporäre Gewässer, die bis zu Pfützen zusammenschrumpfen können. Leben versteckt in Pflanzen oder unter Wurzeln und Steinen, graben sich gerne auch Wohnhöhlen, in denen sie sich verbergen. Legen keine komplexen Grabgänge an, aber im Aquarium sollte jedes Tier mindestens eine Wohnhöhle vorfinden, sonst kommt es zu ausgedehnten Grabtätigkeiten. Männchen sind untereinander unverträglich, wenn Weibchen anwesend sind.

Zucht

Der Rotscherenkrebs wird bereits mit einem Jahr geschlechtsreif. Die Tiere können mehrere (bis zu drei) Vermehrungszyklen pro Jahr durchlaufen. Je nach Körpergröße des Weibchens werden bis zu 1.500 Eier pro Gelege ausgetragen. Die Tragzeit beträgt etwa 45 Tage. Die Jungtiere sind im Verhältnis zu ihren großwüchsigen Eltern winzig, beim Selbstständigwerden haben sie etwa 4 bis 5 mm Länge. Durch die große Stückzahl und die dadurch im Aquarium herrschende Dichte kommt es zu massiven Ausfällen bei den Jungkrebsen, wenn man diese nicht ausdünnt. Die Tiere brüten bei Temperaturen zwischen 22 und 32 °C.

Fütterung

Allesfresser, die einen sehr hohen pflanzlichen Anteil bevorzugen, aber auch Wasserschnecken, hin und wieder ein Stück Fischfleisch oder Frostfutter gerne fressen. Körner von Mais, Weizen oder Roggen sind sehr beliebt, auch Karotten, Erbsen, gekochte Kartoffeln sowie jegliches Grünzeug aus dem Garten, Salat (ungespritzt) und alle in der Aquaristik gebräuchlichen Futtermittel von Flocken bis zu Tabletten.

Beckengröße

Ab 100 x 50 cm Grundfläche und 200 Litern für ein Paar.

Wassertemperatur

Extremer Warmwasserkrebs. Kann bei Temperaturen über 30 °C leben. Bei ausreichender Sauerstoffversorgung überleben sie noch bei 34 °C, was in ihrer Heimat immer wieder vorkommt. Die Tiere ertragen auch weitaus tiefere Temperaturen, allerdings nicht unter 12 °C. Sie fühlen sich aber bei 20 °C sehr wohl und vermehren sich, wenn die Temperatur ein wenig höher steigt. Können ganzjährig ohne Heizung bei Zimmertemperatur gehalten werden. Nicht winterhart.

Wasserwerte

Nicht zu weiches Wasser, pH um den Neutralpunkt ist ideal.

Vergesellschaftung

Mit kleinen Fischen wie Lebendgebärenden oder auch Neons und anderen Salmlern sowie mit Zwerggarnelen (*Caridina*) wie *Crystal Red* oder *Red Cherry* problemlos möglich. Auch Ancistrus-Arten leben bei uns mit diesen Krebsen in einem Becken und vermehren sich zahlreich. Eine Vergesellschaftung mit Malawibarschen ist auch möglich, wenn genügend Verstecke vorhanden sind. Wir konnten die fünf ausgewachsenen Tiere in einem 1.000 Liter fassenden Barschbecken mehrere Jahre pflegen. In diesem Becken konnten sich die Tiere sogar vermehren, obwohl der größte Teil der Jungtiere sicherlich von den Fischen gefressen wurde. Auch die Häutungen überstanden diese Krebse schadlos. Das Becken war mit einigen *Labidochromis-*, *Aulonocara-* und *Melanochromis*-Arten besetzt.

Wasserpflanzen

Es ist außer Schwimmpflanzen und treibenden Pflanzen nichts Grünes über längere Zeit im Becken zu erhalten. Auch *Egeria densa* (Dichtblättrige Wasserpest) wird gerne gefressen und stellt eine ideale Nahrungsergänzung dar.

Besonderheiten

Eine Besonderheit ist der rote Blasenfleck an der Scherenaußenseite der Männchen. Dieser Blasenfleck ist weich und besteht aus einer dünnen roten, manchmal orangefarbenen Membran. Es wird angenommen, dass dieser Fleck als Signalfleck dient und etwas über das Geschlecht, die Stärke, die Größe und den Gesundheitszustand (Vitalität) des Trägers aussagt. Wie auch andere scherentragende Crustaceen benutzen diese Krebse die besonders stark ausgebildeten, zu Scheren umgebildeten Schreitbeine bei innerartlichen und zwischenartlichen Auseinandersetzungen. Auch für die Kommunikation und bei der Paarung spielen die Scheren eine wichtige Rolle. Es gibt allerdings auch noch andere Thesen über deren Funktion. Möglich wäre auch, dass die Krebse diese Blase als ein Sensororgan einsetzen können. Dieser Blasenfleck ist auch von anderen Arten wie *Cherax monticola*, *Cherax rynchotus* oder *Cherax lorentzi* bekannt.

Cherax cainii (früher *Cherax tenuimanus*), Marron oder Kastanienkrebs

Aussehen

Cherax cainii, (früher: *Ch. tenuimanus*) hat auf der Oberseite seines Kopfstückes fünf deutliche Leisten (Carinas), die sonst nur bei *Ch. quincecarinatus* zu finden sind. Es fehlen ihm allerdings die zwei typischen, spitzen Dornen an der Oberseite des Telsons (Schwanzfächer). Der Marron hat keine feinen Härchen auf den Scheren. Seine Normalfarbe ist dunkelbraun bis schwarz, es gibt jedoch auch eine strahlend blaue Farbmorphe, die in der Aquaristik beliebt ist. Auch braun-rosa und blau-braune Tiere sind sehr häufig. Eine Seltenheit sind hingegen rote Tiere dieser Art. *Cherax tenuimanus* unterscheidet sich von *Ch. cainii* durch die Haare auf seinem Carapax, die fast wie ein Pelz aussehen, der bei *Ch. cainii* gänzlich fehlt. Der Marron ist der zweitgrößte Flusskrebs der Welt und erreicht eine Länge von 40 cm und ein Gewicht von bis zu 2000 g.

Cherax cainii, der Marron.

Cherax cainii „blue".

Herkunft

Cherax cainii hatte ursprünglich ein kleines Verbreitungsgebiet in den Flüssen des südwestlichen Western Australia. Aus wirtschaftlichem Interesse (wegen seiner Größe) wurde diese Art in Teichen aber auch in Freigewässern anderer Regionen Australiens wie South Australia und Victoria ausgesetzt und eingebürgert.

Lebensweise

Der Marron kommt in der Natur fast ausnahmslos in Flüssen vor. Tagsüber verbirgt sich diese Art an den tieferen Stellen der Gewässer unter Baumstämmen oder Steinen. Die nachtaktiven Krebse kommen in der Dämmerung aus ihren Verstecken und gehen auf Nahrungssuche. So ist die Gefahr, von ihren zahlreichen Fressfeinden aufgespürt zu werden, geringer. Marrons sind eher Einzelgänger und innerartlich sehr aggressiv. Die Krebse zeigen bei der Nahrungsaufnahme eine gewisse Hierarchie, kleinere Tiere müssen warten, bis ihnen von dominanten Krebsen Platz gemacht wird. Im Aquarium führt das oft dazu, dass die größeren Exemplare noch schneller wachsen und die Gefahr für die kleineren Krebse, bei Auseinandersetzungen verletzt oder gar aufgefressen zu werden, zunimmt.

Zucht

Die Nachzucht dieser Krebse ist etwas langwieriger als bei anderen Arten, denn die Weibchen fangen erst ab dem dritten Lebensjahr an zu brüten, nur in Ausnahmefällen werden sie im zweiten Lebensjahr geschlechtsreif. Bei der Aufzucht ist der Sauerstoffgehalt von großer Bedeutung. Dieser sollte während der gesamten Brutphase sehr hoch sein. Die Weibchen fangen sehr früh im Jahr zu brüten an, wobei sie von dem Wechsel der Tageslichtlänge und der Temperatur stimuliert werden. Die Anzahl der Eier kann bei einem kleinen, erstmals brütenden Weibchen nur 90 Eier, bei einem großen Weibchen bis zu 900 Eier betragen.

Fütterung

Hauptbestandteil des Futters ist Detritus, abgestorbenes Pflanzenmaterial wie Blätter, Zweige oder Äste und deren Rinde. Es werden auch alle anderen Futtermittel angenommen, man sollte aber immer für genügend Laub im Becken sorgen. In der Aquakultur werden an diese Krebse etwa drei Prozent ihres Körpergewichtes pro Tag verfüttert.

Beckengröße

Durch ihre enorme Endgröße sind die Anforderungen an die Beckengröße entsprechend. Da die Tiere gegenüber Artgenossen recht aggressiv sind, sollte man bei adulten Tieren Becken ab einer Grundfläche von 150 x 60 cm und ab 400 Litern verwenden.

Wasserwerte

Bei der Haltung muss beachtet werden, dass der Marron auf hohe Temperaturen empfindlich reagiert. Optimal sind Temperaturen von 17 bis 25 °C. Unter 12,5 °C hören die Tiere auf zu wachsen und ab 28 °C sterben sie. Der pH-Wert kann zwischen 7,5 und 8,5 liegen und zwischendurch tolerieren diese Krebse auch mal einen pH-Wert von 7,0 bis 9,0.

Vergesellschaftung

Schon von der Größe und den Temperaturanforderungen her gehört der Marron nicht in ein durchschnittliches Zierfischaquarium.

Wasserpflanzen

Die Krebse sind keine ausgesprochenen Grünpflanzenfresser, durch ihre Körpergröße zerstören sie aber beim Herumwandern nach und nach alle Pflanzen, die im Boden wurzeln. Man kann versuchen, die Pflanzen in Töpfen zu kultivieren.

Besonderheiten

Die Art *Cherax tenuimanus* wurde 1912 von Smith erstbeschrieben. Dabei handelt es sich um Exemplare aus dem Flusssystem des Margaret River in West-Australien. Erst in jüngster Zeit musste man feststellen, dass der weit verbreitete Marron genetisch nicht mit den als *C. tenuimanus* beschriebenen Tieren identisch ist. Aus diesem Grund wurde eine neue Art, *C. cainii* festgelegt. Unser Marron, der in der Aquaristik und in der Aquakultur eine weite Verbreitung gefunden hat, unterscheidet sich durch das Fehlen der deutlichen Behaarung am Carapax von *C. tenuimanus*, den man nun Hairy Marron nennt. Diese Tiere sind in ihrem Bestand bedroht und kommen sicher nicht in den Aquaristikhandel.

Cherax preissii, **Koonac-Krebs**

Aussehen
Die Oberseite des Carapax, das Abdomen und die Scheren der Krebse aus der Gegend von Kalgan sind meistens glänzend schwarz gefärbt, manchmal aber auch dunkelbraun, oder braun. Zur Unterseite hin werden sie oft bläulich oder violett, ebenso an den Unterseiten der Scheren. Die Antennen sind leuchtend rot gefärbt.

Größe
Ausgewachsene Tiere erreichen eine Gesamtlänge von bis zu 20 cm.

Herkunft
Koonacs kommen in der Gegend von Albany/West-Australien bis zur Stirling Range und dem Mt. Toolbronup vor sowie bis zu den nördlichen Ausläufern des Porongorups Gebirges.

Lebensweise
Diese Art besiedelt die eher seichten Abschnitte der Flüsse und Bäche bis in Küstennähe. Die Lebensräume reichen so weit in den Tidenbereich, dass sie auch noch in leicht brackigem Wasser vorkommen. Wenn die Gewässer

Cherax preissii Männchen.

austrocknen, gräbt diese Art Gänge in das feuchte Flussbett, um die Trockenzeit zu überleben. Die Haltung im Aquarium hat sich als schwierig herausgestellt. Fast alle Tiere sterben bei der ersten Häutung. Das liegt wohl auch daran, dass hauptsächlich adulte Tiere, die sich schlecht auf wechselnde Lebensbedingungen einstellen können, importiert wurden. Auch bei der Haltung wurden Fehler gemacht. Die Tiere werden meistens viel zu warm gehalten. Wir haben in jüngster Zeit endlich Jungtiere dieser wunderschönen Art bekommen, die sich hoffentlich gut eingewöhnen und auch vermehren.

Zucht

Eine Nachzucht im Aquarium ist uns bisher noch nicht gelungen. Unseres Wissens nach wurde die Art bisher nur einmal im aquaristischen Bereich nachgezüchtet. Das mag auch daran liegen, dass die Tiere, die in den Handel kommen, meist die Strapazen der Reise aus Australien nach Europa schlecht überstehen.

Fütterung

Wie die meisten Krebsarten sind diese Krebse mit Detritus (Herbstlaub) und den im Handel angebotenen Fischfuttersorten zufrieden. Frisches Gemüse

kann ebenso verfüttert werden, allerdings sollte streng darauf geachtet werden, dass es nicht gespritzt ist, da schon geringste Mengen eines Spritzmittels für Krebse lebensgefährlich sein können.

Beckengröße

Minimaler Beckeninhalt sollte 80 bis 100 Liter betragen.

Wasserwerte

Die Tiere dürfen nicht zu warm gehalten werden, Sommertemperaturen um 20 °C reichen aus. Das natürliche Vorkommen spricht eher für neutrale bis basische pH-Werte und hohe Leitfähigkeit des Wassers.

Vergesellschaftung

In einem Gesellschaftsaquarium ohne Heizung können diese Tiere gepflegt werden. Bodenlebenden Fischen bis zu einer Größe von 10 cm kann der Krebs gefährlich werden. Zwerggarnelen hingegen haben nichts zu befürchten. Will man kein Risiko eingehen, ist ein Artenbecken auch in diesem Fall die beste Lösung.

Wasserpflanzen

Wie auch die anderen Krebse der Gattung *Cherax* ist der Koonac bei einer ausgewogenen Ernährung kein ausgesprochener Pflanzenfresser. Die Pflanzen werden aber ausgegraben, weil er sich zwischen den Wurzeln versteckt. Am besten sind treibende Arten geeignet.

Flusskrebse aus Neuguinea

Cherax albertisii, Neuguinea Rotscherenkrebs

Aussehen
Die Tiere unterscheiden sich kaum von *Cherax quadricarinatus*, die Scheren sind allerdings dünner und langgestreckter. Neueste Untersuchungen haben gezeigt, dass diese Tiere genetisch nicht vom Red Claw zu unterscheiden sind. Der Artname wird daher in Zukunft wahrscheinlich als unrichtig gelten.

Größe
Die Tiere erreichen eine Länge von 15 cm; bleiben deutlich kleiner als *C. quadricarinatus* aus Australien.

Herkunft
Cherax albertisii ist bisher nur vom Katau River beschrieben, in der Nähe der Mündung des Fly River im südwestlichen Papua Neuguinea.

Lebensweise
Lebt ruhig und zurückgezogen, versteckt sich ausdauernd und braucht lange Eingewöhnung, um während des Tages z.B. bei der Fütterung seine Höhle zu verlassen.

Fütterung
Allesfresser mit sehr hohem pflanzlichen Anteil, aber auch Wasserschnecken, hin und wieder ein Stück Fischfleisch oder Frostfutter werden gerne

Cherax albertisii.

genommen. Getreidekörner von Mais, Weizen oder Roggen sind sehr beliebt, auch Karotten, Erbsen und gekochte Kartoffeln. Jegliches Grünzeug aus dem Garten, Salat (ungespritzt) und alle in der Aquaristik gebräuchlichen Futtermittel von Flocken bis Tabletten.

Beckengröße
Ab 100 x 50 cm bei 200 Litern für zwei Tiere.

Wassertemperatur
Die Tiere können ganzjährig ohne Heizung bei Zimmertemperatur gehalten werden. Bei höheren Temperaturen um die 25 °C wachsen sie rascher. Dieser Krebs kann Wassertemperaturen bis zu 36 °C vertragen. Bei 10 bis 12 °C hört der Krebs allerdings auf zu wachsen und tiefere Temperaturen führen zum Tod.

Wasserwerte
Nicht zu weiches Wasser, pH um den Neutralpunkt ist ideal.

Vergesellschaftung
Mit kleinen Fischen wie Lebendgebärenden oder auch Neons sowie mit Zwerggarnelen (*Caridina*) wie Crystal Red oder Red Cherry problemlos möglich. Auch *Ancistrus*-Arten leben bei uns mit diesen Krebsen in einem Becken und vermehren sich zahlreich.

Wasserpflanzen
Es ist außer Schwimmpflanzen und treibenden Pflanzen nichts über längere Zeit zu erhalten. Auch Wasserpest stellt eine ideale Nahrungsergänzung dar. Selbst Anubien werden benagt und auf Dauer aufgefressen.

Cherax sp. „tiger"/*Cherax* sp. „zebra", Tiger- oder Zebrakrebs

Aussehen
Von diesen Tieren scheinen mehrere Farbvarianten im Handel zu sein. Das ist darauf zurückzuführen, dass die Tiere aus unterschiedlichen Gegenden und Habitaten stammen. Auch gibt es kleine morphologische Unterschiede zwischen den Farbvarianten. Die Scheren sind meistens weiß oder cremefarben, werden zur Innenseite hin bläulich und zeigen das typische *Cherax*-Muster. Der Carapax kann braun bis orangefarben oder grün-blaugrau sein, wobei alle einen hellen Streifen am seitlichen Carapax haben. Das Abdomen ist dunkel und hat auffällige helle Streifen. Daher auch der Name Tiger- oder Zebrakrebs. Die Varianten unterscheiden sich durch die unterschiedliche Breite und Färbung der Schwanzstreifen und die unterschiedliche Bedornung am seitlichen Carapax.

Größe
Diese Krebse erreichen eine Länge von 10 bis 12 cm.

Herkunft
Die genaue Herkunft dieser Tiere ist noch unklar. Zwar gibt es Hinweise von Großhändlern aus Jakarta/Indonesien, dass diese Krebse aus der Gegend um Merauke (Papua) stammen sollen, doch bisher wurden diese Aussagen noch nicht bestätigt.

Oben links: *Cherax* sp. „zebra".

Oben rechts: *Cherax* sp. „zebra" aus der Gegend von Merauke.

Mitte: *Cherax* sp. „tiger"

Lebensweise

Da über die Herkunft nichts Verlässliches bekannt ist, können wir auch über die Lebensweise dieser Krebse in der Natur noch keine Aussagen treffen. Nachforschungen ergaben, dass die Krebse wahrscheinlich die Sümpfe nahe der Stadt Merauke/Papua bewohnen. Im Aquarium sind die Tiere meistens sehr scheu und zeigen sich nur sehr selten, meistens zur Fütterung oder nachts. *Cherax* sp. „Tiger" sind ausgeprägte Gräber und nicht selten wird das Becken durch Grabungstätigkeiten umgestaltet. Mit Sand, Kies, Wurzeln und Steinen kann man dieser Art eine optimale Baustelle anbieten.

Zucht

Da diese Krebse sehr zurückgezogen leben, ist auch für die Zucht ein ruhiges Aquarium mit einem, wenn überhaupt, geringen Fischbesatz die ideale

Lösung. Am besten ist natürlich ein Artenbecken. Bisher konnten wir trotz aufmerksamer Beobachtung keine Paarung entdecken. Haben die Weibchen einmal abgelaicht, leben sie sehr versteckt in einer Höhle oder unter Wurzeln und Steinen. Die Tragzeit dieser Krebse beträgt bei einer Temperatur von 23 bis 25 °C ca. vier bis fünf Wochen. Wie bei vielen *Cherax*-Arten wachsen die Jungtiere nur sehr langsam und leben ebenfalls versteckt.

Fütterung
Den Hauptanteil des Futters macht bei diesem Krebs Detritus wie abgestorbenes Pflanzenmaterial, Blätter, Zweige oder Äste und deren Rinde

Cherax sp. „tiger" aus dem Fly River in Papua Neu Guinea.

aus. Es werden aber auch alle anderen Futtermittel angenommen. Auch Schnecken fressen diese Krebse gerne.

Beckengröße
Mit einer Beckengröße von 80 x 40 cm und etwa 100 Litern gibt sich ein Paar dieser Krebse sicherlich zufrieden.

Wasserwerte
Der Tiger- oder Zebrakrebs reagiert auf niedrige Temperaturen empfindlich. Optimal sind Temperaturen von 18 bis 26 °C. Der pH-Wert kann bei 7 bis 8,5 liegen.

Vergesellschaftung
Diese Art ist relativ friedlich. Fische bleiben, außer bei Fütterungsfehlern, unbehelligt und auch Zwerggarnelen haben nichts zu befürchten. Gegen die friedlicheren Fischarten aus dem Malawisee wie *Aulonocara* sp. oder *Labidochromis* sp. konnten sich diese Krebse behaupten. Sind genügend Verstecke vorhanden, können sich die Krebse rechtzeitig vor der Häutung zurückziehen. Wir haben allerdings beobachtet, dass große *Cherax* sp. „tiger" aggressiv auf andere Männchen derselben Population reagieren können. Daher in diesem Fall genügend Platz bieten.

Wasserpflanzen
Pflanzen werden es sehr schwer haben, da die Krebse sich darunter verstecken und sie dabei ausreißen. Dass die Krebse Pflanzen gefressen haben, konnten wir bisher nicht beobachten.

Cherax sp. „orange", Aprikosenkrebs

Aussehen
Von dieser Art gibt es bisher nur zwei Farbvarianten, die sich darüber hinaus nicht von einander unterscheiden. Meistens sind diese Krebse hellgelb bis knallorange gefärbt. Es gibt allerdings auch grau-blau-cremefarbene Exemplare. Diese Krebse sind eher schlank und haben auffällig kleine Augen, die wohl auf eine Lebensweise in großen Tiefen schließen lassen oder in einem Bereich, wo nur sehr wenig Licht hinkommt.

Cherax sp. „apricot" aus West Papua.

Größe
Diese Krebse erreichen ein Körperlänge von 9 bis 12 cm.

Herkunft
Woher die Tiere genau stammen ist noch nicht geklärt. Laut Händlerangaben kommen diese Krebse von der Vogelkop-Halbinsel in Papua/Indonesien. Auch weist diese Art deutliche Übereinstimmungen mit einer von uns erst kürzlich beschriebenen Art auf, deren Herkunft der Aitinjosee in Papua ist.

Lebensweise
Die Krebse leben zurückgezogen, jedoch kann man sie ab und an auch im Becken beobachten, wie sie sich unter Steinen oder Wurzeln Höhlen und Verstecke graben. Die Lebensweise im Aquarium unterscheidet sich kaum von der anderer Cherax-Arten. Beschreibungen aus dem natürlichen Habitat fehlen bisher, lediglich einige Angaben zur Vegetation und zu dem Gewässer, in dem die Krebse vorkommen, liegen uns vor.

Zucht

Die Weibchen tragen in Relation zu ihrer Körpergröße nur sehr wenige Eier (40 bis 80), wovon manchmal ein Teil unbefruchtet ist. Die Tragzeit dieser Krebse ist relativ lang und beträgt etwa sieben bis neun Wochen bei einer Temperatur von 24 bis 25 °C. Auch die Jungtiere von *Cherax holthuisi* zeigen ein sehr langsames Wachstum und sollten genügend Versteckmöglichkeiten haben. In diesem Fall wäre ein Artenbecken ebenfalls die beste Möglichkeit, um möglichst viele der Jungtiere durchzubringen. Der Boden des Beckens, in dem wir diese Krebse pflegen, ist sandig, mit Kieselsteinen durchsetzt und mit vielen flachen Steinen bestückt, unter denen die Jungkrebse Unterschlupf finden können. Flache Wurzelstücke und Ziegelsteine mit vielen Löchern können ebenfalls dazu beitragen, die Ausfälle bei den Jungkrebsen möglichst gering zu halten. Eine Hand voll Eichenlaub im Zuchtbecken sollte vorhanden sein, damit die Krebse immer etwas zu fressen finden.

Fütterung

Die Tiere sind zwar omnivor, aber es scheint, dass sie vegetarische Kost bevorzugen. Die im Zoohandel angebotenen Futtersorten, wie beispielsweise Tabletten, mögen die Tiere besonders gerne. Frostfutter wird zwar auch genommen, aber ein toter Fisch wird manchmal sogar verschmäht. Detritus gehört auch hier zum Hauptanteil in der Nahrung.

Beckengröße

Becken mit einer Grundfläche von 80 x 40 cm und etwa 100 Litern sind bestens für ein Paar geeignet.

Wasserwerte

Bei der Haltung muss beachtet werden, dass diese Krebse empfindlich auf niedrige Temperaturen reagieren. Optimal sind Temperaturen von 20 bis 24 °C. Der pH-Wert kann bei 6,5 bis 7,5 liegen.

Vergesellschaftung

Diese Art hat sich als friedliche bewährt. Fische bleiben in der Regel unbehelligt und auch Zwerggarnelen und Bodenfische haben von diesem Krebs nicht viel zu befürchten. Vergreift sich die Art dennoch an den Fischen, liegt es meistens daran, dass die Krebse nicht ausgewogen genug gefüttert werden.

Wasserpflanzen

Wir konnten bisher nicht beobachten, dass diese Krebse Pflanzen intensiv gefressen haben. Es kommt jedoch bei zu wenigen Versteckmöglichkeiten vor, dass sie Pflanzen untergraben um sich zu verstecken. In einem 300-Liter-Becken pflegen wir z.B. sechs Tiere. Die Bepflanzung besteht aus Cryptocorinen, die im sandigen Boden von den Krebsen zwar manchmal ausgegraben, aber nicht gefressen werden.

Cherax sp. „blue moon", Sternkrebs

Aussehen

Die Tiere, die bisher im Handel aufgetaucht sind, hatten alle eine blau-schwarze Färbung mit einem auffällig weißen Streifen an den Außenseiten der Scheren. Bei den adulten Männchen ist an dieser Stelle ein weißer Blasenfleck zu erkennen (vergleichbar dem roten Blasenfleck bei *C. quadrica-*

rinatus, C. *lorentzi* und C. *albertisii*). Diese dunkelblaue bis schwarze Färbung zieht sich bis zum Telson. Der Rand des Schwanzfächers ist auffällig orangefarben. Der Carapax hat seitlich einige hellblaue bis weiße Punkte und führte zum Trivialnamen des Krebses *Cherax* „blue moon".

Herkunft

Die genaue Herkunft dieser Art ist bisher unbekannt, doch zeigt sie starke Ähnlichkeit mit Arten aus Papua und Papua-Neuguinea. Nach unseren Informationen soll die Art aus den Bergen der Vogelkop Halbinsel in Papua/Indonesien kommen.

Größe

Die Größe der von uns vermessenen Tiere betrug 7 bis 10 cm Länge.

Zucht

Die Zucht dieser Art ist bisher noch nicht gelungen.

Cherax sp. „blue moon", eine neue Art aus West Papua.

Lebensweise

Im Aquarium sind diese Krebse sehr scheu und zeigen sich nur selten, vorzugsweise halten sie sich in ihren Höhlen auf. Über die Lebensweise in der Natur ist nichts bekannt. Es ist allerdings davon auszugehen, dass sich die Lebensweise nicht deutlich von den anderen Arten aus Papua und Irian Jaya unterscheidet.

Fütterung

Wenn man die Tiere füttert, kommen sie schnell aus ihrem Unterschlupf, um dann genauso schnell wieder zu verschwinden. Vorzugsweise ernähren sich diese Krebse von Detritus, aber auch alle anderen Futtermittel werden gefressen.

Beckengröße
Becken mit 80 bis 100 Litern sind für ein Paar ausreichend.

Wassertemperatur
Da über die Herkunft dieser Tiere nichts bekannt ist, können wir zur Temperatur auch nur wenige Angaben machen. In unseren Aquarien schwankt die Temperatur zwischen 20 und 24 °C.

Wasserwerte
Nicht zu weiches Wasser, pH um den Neutralpunkt ist ideal.

Vergesellschaftung
Mit kleinen Lebendgebärenden oder Neons sowie mit Zwerggarnelen (*Caridina*) problemlos möglich. Auch Ancistrus-Arten und andere Saugwelse leben bei uns mit diesen Krebsen in einem Becken. Eine Vergesellschaftung mit großen Barschen ist nicht zu empfehlen.

Wasserpflanzen
Die Pflanzen in unseren Aquarien wurden zwar mechanisch durch Graben etwas beschädigt aber nicht gefressen.

Cherax lorentzi, Lorentz-Flusskrebs

Aussehen
Diese Art hat eine starke Ähnlichkeit mit *Cherax quadricarinatus*. Wie der „Red Claw" haben auch männliche *Cherax lorentzi* einen roten Blasenfleck an der Scherenaußenseite. Die Scheren bei *Ch. lorentzi* sind im Verhältnis breiter als die des „Red Claw". Weibliche Tiere haben diesen Blasenfleck nicht. Die Scheren sind bis auf das Blasengebilde blau oder blaugrau, der Carapax ist grünbraun und wird zur Oberseite hin fast schwarz. Der Schwanzfächer und der Schwanz sind gelbbraun, die Oberseite fast schwarz.

Herkunft
Cherax lorentzi besiedelt die tiefer gelegenen Regionen vom nordwestlichen

Cherax lorentzi.

Neu Guinea und westlichen Papua (Manikon District) bis zum Lorentz-River im Süden.

Größe

Die Größe der von uns vermessenen Tiere betrug 7 bis 12 cm. Die Art bleibt damit wesentlich kleiner als *Ch. quadricarinatus*.

Lebensweise

In Papua und Papua-Neuguinea sind diese Krebse weit verbreitet und besiedeln dort eine Vielzahl an unterschiedlichen Habitaten. Sie verbergen sich meistens unter Wurzeln oder Steinen.

Zucht

Die Nachzucht der Tiere gelingt, wenn auch unregelmäßig, die Paarung findet wahrscheinlich nur nachts statt. Die Eier tragenden Weibchen ziehen sich in ein Versteck zurück und lassen sich kaum sehen. Bereits mit 5 bis 6 cm Länge tragen sie Jungtiere aus. Trennt man die Eltern nicht von der Brut, bleiben nur wenige Nachwuchstiere übrig.

Fütterung

Der Hauptteil des Futters besteht aus Detritus und Futtertabletten. Frisches Gemüse und Grünfutter sollten auch verfüttert werden. Im Laufe der Zeit werden auch die Schnecken weniger.

Beckengröße

Aquarien ab einer Grundfläche von 80 x 40 cm und etwa 100 Litern sind für ein Paar dieser Art geeignet.

Wassertemperatur

Da *Cherax lorentzi* ebenfalls aus Papua und Papua-Neuguinea stammt, sind für diese Krebse Temperaturen von 20 bis 24 °C optimal. Temperaturen unter 15 °C vertragen die Krebse nur kurzfristig.

Wasserwerte

Nicht zu weiches Wasser, pH um den Neutralpunkt ist ideal.

Vergesellschaftung

Papua-Neuguinea-Krebse scheinen wohl friedlicher zu sein als ihre Verwandten aus den USA, aus Australien und Europa. Fische, Garnelen und bodenlebende Welse wurden in unseren Aquarien kaum beachtet. Zwerggarnelen (*Caridina*) vermehren sich als Mitbewohner problemlos.

Wasserpflanzen

Pflanzen werden durch Grabungstätigkeit beeinträchtig, einige Arten wie *Egeria densa* (Wasserpest) werden auch gerne gefressen. Andere Arten wiederum sind uninteressant. Dies ist auch abhängig von den angebotenen Futtermitteln.

Cherax sp. „Hoa Creek", Purpur-Prachtkrebs

Aussehen

Dieser Krebs gehört zu den farbenfrohesten Krebsen. Die Scheren sind auf der Innenseite blau, auf der Außenseite weiß. An der Außenkante befindet sich bei männlichen Tieren ein weißer Blasenfleck. Die Vorderseite des Carapax ist pinkfarben bis dunkel-violett, der hintere Teil meist dunkler gefärbt. Der Schwanz ist auf der Oberseite dunkel-violett oder schwarz und an den Seiten pinkfarben bis violett. Die Männchen sind meist prächtiger gefärbt.

Herkunft

Laut Dr. Jerry Allen kommen diese Tiere von der Vogelkop Halbinsel in Papua. Der Hoa Creek ist ein kleiner Fluss an der Straße Teminabuan/Ayamaru, etwa 8 bis 9 km östlich von Teminabuan. Diese Art ist wissenschaftlich bisher noch nicht beschrieben, wird allerdings schon bearbeitet.

Größe

Die größten von uns vermessenen Tiere hatten eine Körperlänge zwischen 10 und 13 cm.

Lebensweise

Über die Lebensweise im natürlichen Habitat ist bisher nicht viel bekannt. Der Fluss, in dem die Tiere gefangen wurden, ist an dieser Stelle etwa drei bis fünf Meter breit und ca. zwei Meter tief. Das Wasser ist glasklar und der Bodengrund ist steinig bis felsig.

Zucht

Da die Tiere relativ friedlich miteinander umgehen, kann man oft Männchen und Weibchen in derselben Höhle finden. Wenn die Krebse Eier tragen, kann es allerdings sechs bis acht Wochen dauern, bis die Jungen im Becken frei umherlaufen. Auch in diesem Fall wäre es das Beste, die Jungen entweder vorher schon von dem Muttertier abzuschütteln oder aus dem Aquarium abzufangen, da sie sonst von Fischen oder den anderen Krebsen gefressen werden. Im Aufzuchtbecken kann man mehrere Ziegelsteine mit Löchern aufstellen, damit die Jungkrebse ausreichend Versteckmöglichkeiten haben. In unseren *Cherax*-Zuchtbecken befinden sich viele Wurzeln, grober Kies und jede Menge Detritus damit die jungen Krebse auch immer etwas zu knabbern haben.

Cherax sp. „Hoa Creek", eine neue Art aus West Papua.

Fütterung

Im Aquarium besteht die Kost dieser Art hauptsächlich aus Detritus. Die ganze Palette an Fischfutter aus dem Aquarienhandel kann ebenfalls verfüttert werden, denn die Tiere nehmen fast jedes organische Material zu sich. Manchmal kann man diese Krebse selbst an Morkienwurzeln knabbern sehen.

Beckengröße

Da diese Krebse zu den größeren Arten aus Papua gehören, sind Aquarien mit einer Grundfläche ab 100 x 50 cm und 200 Litern sinnvoll.

Wassertemperatur

Diese Krebse mögen Temperaturen von 20 bis 25 °C. Niedrige Temperaturen unter 15 °C vertragen sie nur schlecht.

Wasserwerte

Nicht zu weiches Wasser, pH um den Neutralpunkt ist ideal.

Vergesellschaftung

Wie die anderen Krebse aus Papua, geht auch diese Art recht friedlich miteinander und mit ihren Mitbewohnern um. Ausgenommen sind allerdings adulte Männchen, die mit anderen Männchen so manchen Streit ausfechten. Ist das Aquarium zu klein, kann es durchaus zu Kämpfen kommen und das unterlegene Männchen verliert eine Schere. Mit kleinen Fischen und Zwerggarnelen gibt es keine Probleme, und auch mit Kaiserbarschen aus dem Malawisee wurde diese Art schon zusammen gehalten. Bodenlebende Welse werden auch kaum beachtet.

Wasserpflanzen

Weil die Tiere starke Gräber sind, haben es Pflanzen nicht leicht im Aquarium. In einem mit Steinen und Wurzeln eingerichteten Aquarium kann man allerdings versuchen, die Pflanzen auf den Wurzeln oder Steinen festzubinden.

Cherax sp. „Red Brick", Ziegelroter Papuakrebs

Aussehen

Der Körper dieser Tiere weist eine ziegelrote bis rotbraune Färbung auf, die Scheren sind bei adulten Tieren blauschwarz und ziegelrot und werden zu den Scherenspitzen hin ganz schwarz. Die Scheren haben auf ihren Innenseiten rosafarbene oder rötliche Umrandungen, die wie ein Zackenband aussehen.

Auf der Scherenaußenseite haben die adulten Männchen einen weißlichen Blasenfleck, die Weibchen weisen dieses Merkmal nicht auf.

Größe

Die Tiere erreichen eine maximale Länge von ca. 20 bis 25 cm. Da die Art aber erst kürzlich und in geringen Stückzahlen erstmals importiert wurde, können wir keine verlässlichen Angaben zur maximalen Größe machen.

Herkunft

Auch bei dieser Krebsart handelt es sich um eine unbeschriebene Art aus den Bergen von Papua. Bisher gibt es nur einen einzigen See in der Nähe der Ortschaft Djidmaoe, aus dem diese Tiere bekannt sind.

Cherax sp. „Red brick", großes Männchen.

Cherax sp. „Red brick", Jungtier.

Lebensweise
Im Aquarium leben die Krebse eher ruhig und zurückgezogen, verstecken sich und zeigen ein friedliches Verhalten gegenüber Artgenossen. Über die Lebensweise in der Natur ist bisher nichts bekannt.

Fütterung
Wie auch alle anderen Krebse der Gattung *Cherax*, fressen diese Tiere gerne Detritus sowie auch alle im Handel angebotenen Futtersorten.

Beckengröße
Ab 100 x 50 cm Grundfläche bei 200 Litern für zwei Tiere.

Wassertemperatur
Die Tiere können ganzjährig ohne Heizung bei Zimmertemperatur gehalten werden, da auch die Gebirgsbäche in Papua eher kühle Temperaturen um die 19 bis 21 °C aufweisen.

Wasserwerte
Nicht zu weiches Wasser, pH um den Neutralpunkt ist ideal.

Vergesellschaftung
Mit kleinen Lebendgebärenden, Neons oder Zwerggarnelen problemlos möglich. Auch *Ancistrus*-Arten leben bei uns mit diesen Krebsen in einem Becken und bisher hatten wir keine Verluste zu beklagen.

Wasserpflanzen
Die Wasserpflanzen wurden zwar nicht angefressen, aber fast immer ausgegraben.

Flusskrebse im Gartenteich

Das Interesse an Flusskrebsen zur Haltung im Gartenteich wächst in den letzten Jahren kontinuierlich an. Dies ist einerseits erfreulich, denn nach dem Auftreten der Krebspest und dem Verschwinden unserer Flusskrebse in den Freigewässern, beschäftigte sich kaum jemand mit diesen Tieren. Allerdings ist diese Form der Tierhaltung aus Arten- und Naturschutzgründen nicht unproblematisch und man sollte sich mit dem Thema auseinander setzen, bevor man sich zu diesem Schritt entschließt und Flusskrebse in Kleingewässer entlässt.

Anders als bei Fischen kommen Krebse kaum an die Oberfläche, bei Tageslicht fast nie. Will man sie beobachten, kann das meist nur in der Dämmerung oder Nacht unter Verwendung künstlicher Lichtquellen geschehen. Sie werden auch nicht so zahm wie Fische, die sich an den Pfleger gewöhnen oder freudig auf ihn zu schwimmen, sobald Futter angeboten wird. Ihr Leben läuft eher im Verborgenen ab. Manchmal sind die Begegnungen eher mit einem kleinen Schreck verbunden, wenn die Krebse plötzlich im Rasen neben dem Teich unterwegs sind.

Viele Halter wollen mit dem Einsetzten von Krebsen in Gartenteichen die Artenvielfalt bereichern oder bezwecken damit auch teichpflegerische Maßnahmen wie das Vertilgen von Laub, Wasserpflanzen und Algen. Manche Flusskrebsarten

Uferzone an einem großem Gartenteich.

sind dafür sehr wohl geeignet und erfüllen die ihnen zugedachte Aufgabe erfolgreich und nachhaltig, allerdings birgt der Besatz mit Flusskrebsen auch gewisse Gefahren, was nicht unerwähnt bleiben soll.

In zu kleinen Gewässern sind Krebse eher kritisch zu beurteilen. Oft ist es so, dass diese Kleinteiche im Sommer zu warm werden und es zu Sauerstoffzehrungen kommt, die von den für Europa in Frage kommenden Tieren nicht sehr gut vertragen werden. Meist sterben die Tiere oder aber sie wandern aus und suchen ein neues, geeignetes Gewässer. Flusskrebse können bei dieser Suche weite Strecken über Land zurücklegen, da sie durch den Bau ihrer Kiemen auch atmosphärischen Sauerstoff aufnehmen können. Solange die Kiemen nicht austrocknen, überleben sie tagelang außerhalb des Wassers. Vor allem in kühlen Nächten oder bei Regenwetter können die Tie-

Krebsteich in einem Zuchtbetrieb in Bayern.

re auf diese Weise hunderte von Metern auf der Suche nach einem neuen Heimatgewässer zurücklegen.

Diese Fähigkeit, auch über Land neue Lebensräume erobern zu können, kann gravierende Folgen für ganze Ökosysteme im Freiland haben, wenn man allochthone (fremdländische) Flusskrebse verwendet. Viele Beispiele aus der jüngsten Vergangenheit haben uns diese Problematik leider immer wieder hautnah erleben lassen. Viele freilebende Populationen fremder Krebsarten wurden auf diese Weise ungewollt begründet.

Für den Besatz von Gartenteichen dürfen daher nur heimische Flusskrebsarten verwendet werden, denn einen auskletttersicheren Teich für Flusskrebse gibt es nicht. Diese Flusskrebse sollte man nur beim Züchter oder im wirklich guten Fachhandel kaufen, damit sich die Tiere in der Hälterung bei Kontakt mit anderen Krebsarten nicht mit Krankheiten angesteckt haben, die dann auf diesem Weg ins Freiland verbracht werden würden.

Bei Flusskrebsen gibt es keine halben Sachen. Entweder ein Gewässer sagt ihnen nicht zu, dann wandern sie ab oder sterben aus, oder aber sie fühlen sich auch in einem Gartenteich wohl und überleben längere Zeit. Dann vermehren sie sich auch. Diese Tiere verfügen über eine relativ zahlreiche Nachkommenschaft, was bei fehlenden Fressfeinden rasch zu einem starken Anstieg der Individuen in dem Gewässer führt. Jungkrebse wandern aber nicht ab, und bis die Verhältnisse in dem Gewässer wirklich zu lebensfeindlich werden, verbleiben die dort geborenen Krebse in kleinen Teichen, auch wenn sie größer geworden sind. Dadurch kann es in einem Gartenteich sehr schnell zu eng werden, und das nicht nur für die Tiere selbst. Krebse sind Allesfresser und auch Kannibalen und können einen kleinen Teich regelrecht leer fressen, so dass schlussendlich nichts übrig bleibt als einige große Krebse, meist Männchen. Wer also Flusskrebse in Teichen unter 200 m≈ pflegen will, muss bereit sein, auch regelnd in den Bestand (durch Fang und Entnahme) einzugreifen. Hierbei entsteht dann meist die Frage, wohin mit den Tieren? Es wäre völlig unverantwortlich und gesetzwidrig, die überzähligen Exemplare ganz einfach im nächsten Gewässer zu entsorgen, selbst wenn es sich um heimische Arten handelt.

Wer also Flusskrebse im Gartenteich halten will, sollte sich eingehender mit dieser Materie beschäftigen, sich über die Folgen im Klaren sein und auch die eventuell damit verbundene Arbeit in Kauf nehmen. Von einem Spontankauf zur Bereicherung der Artenvielfalt im Gartenteich kann nur abgeraten werden. Man sollte vorher abklären, ob Fressfeinde (Fische) als mögliche Regulatoren vorhanden sind, ob die Wasserwerte das ganze Jahr über auch für Krebse ausreichen (siehe Artbeschreibung), ob die Strukturen im Teich den Ansprüchen der Tiere genügen können und sich erst dann zu einem Kauf entschließen. Flusskrebse sind zweifelsfrei interessante Tiere, wir haben sie oft genug des Nachts bis zum Versagen der Taschenlampenbatterien beobachtet oder auch beim Schnorcheln in den Teichen aufgespürt.

Besatztiere

Alle folgenden Aussagen beziehen sich bei Größenangaben und Temperatur auf die empfohlenen heimischen Krebsarten. Als Besatztiere eignen sich am besten Jungkrebse. Adulte Tiere wandern in kleinen Teichen mit Sicherheit aus, auch über Land. Und es gibt praktisch kaum einen Auskletterschutz, welcher den Fluchtversuchen der Krebse lange standhält. Selbst auf senkrechtem Beton klettern die Tiere in den Ecken aus, wenn diese nicht völlig geglättet oder zusätzlich gesichert sind. Es ist schon schwer genug, Krebse in Aquarien dauerhaft zu halten, ohne dass sie irgendwo auskommen, einen ausklettersicheren Gartenteich gibt es kaum.
Verwendet man aber Sömmerlinge oder zweisömmrige Tiere, so verbleiben diese auch im Teich, wenn sie wachsen und größer werden. Als Sömmerlinge bezeichnet man Jungkrebse, die einen Sommer alt und zwischen 2,5 und 4 cm groß sind. Einjährige sind im Frühjahr ebenso groß wie Sömmerlinge im Herbst, denn die Krebse wachsen ja nicht während der kalten Jahreszeit. Im zweiten Jahr bezeichnet man die Tiere dann als Zweisömmrige, die zwischen 5 und 7 cm groß sind. Auch sie passen sich noch gut an einen neuen Lebensraum an. Von großen, geschlechtsreifen Tieren als Besatz kann nur abgeraten werden. Wir haben selbst in Teichen mit 500 m≈ bis zu 90 Prozent Abwanderung von frisch eingesetzten, adulten Krebsen feststellen müssen.
Erreichen die Jungkrebse dann die Geschlechtsreife, verbleiben sie trotzdem im Teich, weil es ihr angestammtes Heimatgewässer geworden ist. Erst wenn durch eine unkontrollierte Vermehrung die Dichte so unerträglich wird oder aber die Ernährungssituation oder Wasserqualität so schlecht ist, dass ein Überleben nicht gesichert ist, verlassen auch diese Tiere den Teich. Immer wieder wird uns auch berichtet, dass Krebse frühmorgens von Gartenteichbesitzern im Rasen rund um den Teich gefunden werden. Diese Tiere wollen eigentlich nicht abwandern (sonst würde man sie nicht mehr in der Nä-

he des Teiches finden), sondern sind nur außerhalb des Teiches auf Futtersuche, weil irgend ein wesentlicher Nahrungsbestandteil im Gewässer selbst nicht mehr zur Verfügung steht. Dem kann man durch eine Reduktion der Krebsdichte oder durch Zufütterung entgegenwirken. Auch in Freigewässern konnten wir jagende Krebse am trockenen Ufer beobachten. Dort werden Pflanzen ebenso gefressen wie nach Schnecken und Würmern gejagt.

Besatzzeitpunkt

Günstigster Besatzzeitpunkt ist das Frühjahr oder der Herbst bei kühlen bis kalten Wassertemperaturen. Sömmerlinge sind bei seriösen Anbietern sowieso erst ab Oktober erhältlich. Vor dieser Zeit sollte mit ihnen nicht manipuliert werden, da die Häutungen noch nicht abgeschlossen sind. Diese Jungkrebse sind während der warmen Jahreszeit praktisch immer in Häutungsvorbereitung und in dieser Zeit sind sie nicht transportfähig und auf Veränderungen der Temperatur und des Wasserchemismus sehr empfindlich. Ein Umsetzten kann zur so genannten Panikhäutung, einem zu frühen Beginn des Häutungsvorganges führen, was den Tod der Tiere zur Folge hat. Ein zeitiger Frühjahrbesatz macht keine Probleme, selbst wenn die Tiere bei niederen Temperaturen kurz nach dem Abtauen einer eventuell vorhandenen Eisdecke bei 4 bis 5 °C eingesetzt werden. Wesentlich dabei ist nur, dass sie in diesem Fall nicht aus einem Händlerbecken stammen, wo sie den ganzen Winter über bei 20 °C gehalten wurden. Man sollte dafür nur kühl überwinterte Tiere verwenden. Selbst wenn noch etwas Eis auf dem Teich ist, stellt dies kein Problem dar. Wir haben schon erfolgreich Teiche besetzt, die zugefroren waren. Es darf hierbei natürlich zu keiner Anreicherung von Faulgasen oder einer Sauerstoffzehrung unter dem Eis kommen – aber da verbietet sich der Besatz ja grundsätzlich, weil die Tiere dann den nächsten Winter auch kaum überleben können.
Werden die Tiere während der Sommermonate umgesetzt, ist ein temperierter, möglichst kurzer Transport unbedingte Voraussetzung. Selbst kurze Temperaturspitzen, wie sie in einem Auto im Sommer schnell erreicht werden, schädigen die Tiere nachhaltig. Man sollte die Tiere deshalb im Sommer nur in isolierten Behältnissen transportieren. Flusskrebse können im Wasser aber auch in feuchter Umgebung transportiert werden. Da die Gefahr eines Sauerstoffmangels bei einem Transport ohne Wasser geringer ist, werden größere Mengen an Besatzkrebsen in feuchter Holzwolle, Laub, Gras usw. in Isolierbehältern transportiert. In den Behältnissen darf nur sehr wenig Wasser vorhanden sein, gerade mal so viel, damit die Tiere ihre Kiemen feucht halten können. Die Aufnahme atmosphärischen Sauerstoffs darf nicht durch einen zu hohen Wasserstand behindert werden, sonst ersticken die Tiere.

Anforderungen an den Teich

Das Gewässer muss auf alle Fälle mit ausreichend tiefen Stellen angelegt werden, so dass es auch in strengen Wintern frostsicher ist. Eine Eisbildung im Winter ist kein Problem, aber der Teich sollte nicht bis zum Boden durchfrieren. Die Verstecke der Krebse dürfen nicht vom Frost erreicht werden, da die Tiere bei extrem tiefen Temperaturen keinen Wechsel ihres Unterschlupfes mehr vornehmen können. Man sollte daher immer so viele Strukturen einbringen, dass die Flusskrebse genügend Auswahl zwischen Sommerquartier im warmen, ufernahen Bereich und den Winterverstecken im frostsicheren Tiefenwasser haben.

Edelkrebs *Astacus astacus* im natürlichen Habitat.

Im Frühjahr halten sich die Tiere gerne im wärmeren, seichten Wasser auf. Bei steigenden Temperaturen im Sommer suchen vor allem adulte Krebse wieder das etwas kühlere Tiefenwasser auf, um dort den Tag zu verbringen. In der Dämmerung und nachts zur Nahrungssuche kommen alle Krebse in Ufernähe, da dort mehr interessantes Futter vorhanden ist, weil Insekten oder Schnecken und andere Nahrung vermehrt an der Uferlinie ins Wasser fallen. Teiche, die im Sommer über 26 °C Wassertemperatur erreichen, sind für Krebse nicht geeignet. Edelkrebse (*Astacus astacus*) und Galizierkrebse (*Astacus leptodactylus*) können zwar noch höhere Temperaturen ertragen, für ihr Wohlbefinden ist dies aber nicht zuträglich. Sie bekommen dabei meist Probleme mit dem schon aus physikalischen Gründen sinkenden Sauerstoffgehalt im Wasser. Setzt dann auch noch eine biologisch bedingte Sauerstoffzehrung ein, sterben die Tiere, wenn sie nicht an schattigen, kühlen Plätzen das Wasser verlassen können, um atmosphärischen Sauerstoff aus der Luft aufzunehmen. Nachts haben die Tiere damit weniger Probleme wenn Ausstiegstellen vorhanden sind, aber im prallen Sonnenlicht können Krebse kaum 15 Minuten außerhalb des Wassers überleben.

Man kann diese Engpässe in der Sauerstoffversorgung natürlich durch eine technische Belüftung überbrücken, oder aber für eine stärkere Beschattung und dadurch geringe Temperaturen sorgen. Auch die Gabe von kühlem Frischwasser ist natürlich eine Variante, um kurzzeitige Spitzenwerte zu überbrücken. Hierbei sollte man allerdings nicht übertreiben, denn abrupte Temperaturrückgänge von 5 bis 6 °C in kurzer Zeit können zu spontanen Häutungen führen, die meist tödlich enden. Je tiefer ein Teich ist, umso langsamer vollzieht sich eine Durchwärmung des Gewässers. Auch eine teilweise Bedeckung mit Seerosen oder anderen Schwimmpflanzen mindert die Erwärmung des Oberflächenwassers und dadurch den Temperaturgang zwischen Tag und Nacht.

Die für eine Haltung im Gartenteich in Frage kommenden Flusskrebse (Edelkrebs und Galizierkrebs) haben weite Toleranzen im Bezug auf die Wasserwerte. pH-Werte zwischen 5,5 und 9 werden ohne Probleme ertragen, es gibt auch freilebende Populationen unter diesen Bedingungen. Am besten ist kalkhaltiges, eher hartes Wasser mit pH-Werten zwischen 6,5 und 8,5. Gegenüber chemischen Verunreinigungen im Wasser sind Flusskrebse sehr empfindlich. Dies sollte man immer bedenken, wenn man im Garten mit Pestiziden arbeitet. Selbst geringste Mengen eines Insektizides kann in einem kleinen Wasserkörper zum Absterben der Krebse führen. Deshalb ist größte Vorsicht geboten, wenn Obstbäume oder Zierpflanzen gegen Schädlinge gespritzt werden. Die Windabdrift dieser Spritzmittelnebel kann genügen, um die Krebse in einem kleinen Wasserkörper abzutöten. Eine leichte organische Belastung des Wassers macht ihnen hingegen nichts aus. Sie haben vor dem industriellen Zeitalter in Europa bevorzugt sommerwarme, nährstoffreiche Gewässer der Niederung besiedelt, da dort eine reichhaltige Nahrungsbasis vorhanden war.

Verschiedene Teiche

Fertigteiche

Diese in Fachgeschäften und Baumärkten erhältlichen Gartenteiche sind für die Krebshaltung eigentlich zu klein. Man muss diese Behälter als Freilandaquarien betrachten und diese ebenso betreuen, um ein dauerhaftes Überleben der Krebse zu ermöglichen. Natürlich ist eine Haltung möglich, auch im Aquarium ist dies durchführbar, aber mit entsprechendem Aufwand. Hier darf man sich weder auf die Selbstreinigungskraft eines Teiches verlassen, noch auf ausreichende natürliche Produktion von Nahrung. Dies bedeutet, dass eine Wasserreinhaltung/Filterung und regelmäßiger Teilwasserwechsel ebenso unerlässlich sind wie eine Zufütterung. Viele dieser Gartenteiche werden von ihren Besitzern, so sie auch mit Fischen besetzt sind, im Herbst entleert oder zumindest die Fische abgefangen, weil oftmals schlechte Erfahrungen mit der Überlebenschance der Tiere während eines strengen Winters gemacht werden. In diesem Fall kann man natürlich auch die Krebse entnehmen und in einem Aquarium/Becken überwintern. Dies sollte aber tatsächlich ein Überwintern sein, also bei möglichst niedrigen Temperaturen. Dazu ist ein ungeheizter, frostsicherer Raum oder Keller gut geeignet. Für die Krebse sollte man künstliche Verstecke einbringen, z.B. Plastikrohre, denn die Tiere überdauern die kalte Zeit ziemlich reglos in einer Art Winterschlaf. Liegen die Temperaturen nicht wesentlich unter 10 °C wird aber angebotene Nahrung sehr wohl angenommen. Beim gemeinsamen Überwintern mit Fischen in einem Becken ist darauf zu achten, dass die Krebse von den Fischen nicht permanent in ihrer Ruhe gestört werden. Sind die Temperaturen beim Überwintern so niedrig, dass die Fische am Boden ruhend verharren, geht auch von den Krebsen keine Gefahr aus.

Folienteiche

Folienteiche werden in unterschiedlichen Größen angelegt, von wenigen bis zu 1.000 m≈ . In kleinen Gewässern gilt das oben für Fertigteiche Gesagte, mit zunehmender Größe nähern sich diese Gewässer je nach Ausgestaltung an die Verhältnisse in einem Naturteich an.
Oft wird befürchtet, dass Krebse bei Folienteichen die Folie beschädigen könnten. Diese Bedenken sind unbegründet. Krebse graben zwar sehr gerne ihre Wohnhöhlen selbst, sie können aber die im Handel befindlichen Teichfolien nicht durchdringen. Man sollte aber nicht nur die blanke Folie als Teichboden anbieten, sondern eine Schicht Bodensubstrat (Sand, Schotter, Lehm) einbringen. Da die Tiere Versteckmöglichkeiten brauchen, sollte man Steinschlichtungen aus plattenförmigem Material anlegen, Hohlziegel mit unterschiedlichen Lochgrößen oder Tonrohre und andere Verstecke einbringen.

Erdteiche/Naturteiche

Unsere heimischen Flusskrebse graben sich zwar gerne eigene Wohnhöhlen in den Uferboden, wenn es die Konsistenz des Substrates zulässt, die angelegten Gänge erreichen aber keine solchen Ausmaße, dass z.B. ein Damm gefährdet wäre. Diese Feststellung ist bei manchen importierten Krebsarten aber keineswegs zutreffend. Als Beispiel sei der Rote Amerikanische Sumpfkrebs *Procambarus clarkii* genannt, der dort, wo er ausgesetzt wurde ganze Be- und Entwässerungssysteme sowie Reisfelder durch seine Grabtätigkeit lahm- oder trockengelegt hat. Auch in Naturteichen kann man durch Einbringen von Strukturen die Attraktivität und die Tragfähigkeit des Gewässers für Flusskrebse erhöhen. Jeder Stein, Wurzeln, Holzstücke usw. werden genutzt, um darunter Wohnhöhlen zu graben, die gegen Einsturz gesichert sind.

Schwimmteiche

Flusskrebse können auch in Schwimmteichen eingesetzt werden, wo sie bei richtigen Bestandszahlen sehr wohl ihre positive, wasserpflegende Aufgabe durch Vertilgen und Umsetzten von biologischem Abbaumaterial erfüllen können. Man muss nur dafür sorgen, dass die Krebse den für die Reinhaltung und Aufrechterhaltung des biologischen Gleichgewichtes notwendigen Pflanzenbestand, der ja die Filteranlage des Schwimmteiches ist, nicht nachhaltig schädigen. Dies kann man durch regelnde Eingriffe sehr gut erreichen, es ist nicht mit mehr Arbeit verbunden, als ständig Fadenalgen etc. abzusammeln.

Als Badegast wird man unter Tags kaum mit den vielbeinigen Gesellen in Kontakt kommen. Wenn keine Familienmitglieder Abscheu vor den Krabbeltieren haben, ist das Zusammenleben eher unproblematisch. Es gibt keine Angriffe der Krebse auf Badegäste, obgleich es uns schon passiert ist, dass Krebse von sich aus den Kontakt suchen und bis an die Zehen herankommen und diese auch betasten, wenn man längere Zeit ruhig im Wasser steht.

Gestaltung des Teiches

Ein Teich für Krebse muss reichlich Strukturen aufweisen. Entweder die Tiere können sich ihre Höhlen selbst graben, oder man muss künstliche Verstecke einbringen. Je nach Lebensalter und Körpergröße der Krebse sollte man unterschiedlich große Höhlen anbieten. Man kann dazu Steinschichtungen gestalten, aber auch Lochziegel, Kunststoffrohre, Tonrohre, Steinplatten und Wurzeln verwenden. Hierbei ist der Anspruch der Arten auch etwas unterschiedlich. Edelkrebse brauchen unbedingt diese Verstecke, die Galizierkrebse begnügen sich auch manchmal damit, sich kurzzeitig im Schlamm einzugraben oder sich in Wasserpflanzen zu verbergen. Bei den eher beengten Bedingungen in einem Gartenteich werden aber von allen Flusskrebsarten die angebotenen Verstecke gerne angenommen.

Von großem Vorteil ist es, wenn Strukturen vorhanden sind, an welchen die Krebse das Wasser verlassen können. Die Ufer sind meistens dafür geeignet, oft wird aber versucht, das Ausklettern der Krebse durch senkrechte Gestaltung der Ufer zu verhindern. Dieses Bestreben ist zwar lobenswert, aber einen 100-prozentig auskletterischen Teich für Krebse gibt es nicht. Hat man aber steile, senkrechte Ufer, sollte man andere Strukturen (Steinaufbauten, Wurzel, Baumstamm) anbieten, an denen die Krebse das Wasser verlassen können.

Beim Auskletterschutz ist auch zu bedenken, dass Flusskrebse jede Möglichkeit, wie etwa überhängende Pflanzenteile/-stängel nutzen, um zu entkommen. Auch die aufgerichtete Folie bei Folienteichen ist auf Dauer kein sicherer Schutz, weil sich Algen oder Kalkablagerungen bilden, die den Krebsen zum Entkommen genügen. Leider reicht dies für viele andere Tiere nicht, und so sollte ein sehr negativer Aspekt eines auskletterischen Teiches aus Tierschutzgründen nicht vergessen werden. Tiere, die in den Teich fallen, aber auch Amphibien, die diesen bewusst aufsuchen, um zu laichen, können diese Teiche nicht mehr verlassen. Igel und andere Kleinsäuger wie Mäuse oder Spitzmäuse ertrinken oder erfrieren je nach Jahreszeit sehr schnell, wenn sie keine Möglichkeit haben, trockene Stellen aufzusuchen. Hierbei ist z.B. eine kleine Insel in der Mitte des Teiches auch keine Abhilfe, weil diese Tiere ausdauernd bis zur Erschöpfung versuchen, am Rand entlang eine Ausstiegsmöglichkeit zu finden. Viele Amphibien suchen die Gewässer ja nur während der Paarungszeit auf, um ihren Nachwuchs zu zeugen. Danach verlassen sie die Gewässer wieder. Werden sie daran gehindert, entwickeln sich solche ausklettersicheren Teiche zu regelrechten Fallen. Auch der Nachwuchs kann das Gewässer nicht verlassen und geht damit für die Gesamtpopulation verloren.

Ein reicher Wasserpflanzenbestand wird vor allem von den Jungkrebsen gerne als Versteck aufgesucht und auch von den erwachsenen Tieren als Nahrung genutzt. Das Verzehren von Wasserpflanzen wird oft als Grund genannt, warum man Krebse in Gartenteiche einsetzten sollte. Sie sollen das Pflanzen- und Algenwachstum kontrollieren und auch das Herbstlaub beseitigen. Die Beliebtheit der Wasser- und Sumpfpflanzen als Nahrung ist sehr unterschiedlich. Als Faustregel kann man sagen, je weicher die Blätter sind, umso lieber werden sie gefressen. Binsen und Seggen, Schilf oder auch See- und Teichrosen werden kaum genutzt. Herbstlaub, welches in den Teich fällt, ist im darauf folgenden Frühjahr oft nicht mehr zu finden. Dies gilt allerdings nur bei normalen Mengen und nicht für jede Baumart. Ist der Teich unter einem riesigen Nussbaum gelegen, dessen Blätter nicht gefressen werden, helfen Krebse natürlich nichts gegen die Verlandung des Teiches durch den Laubfall.

Die Kontrolle von Wasserpflanzen ist eine den Krebsen zugedachte Aufgabe, der sie gerne und bei ausreichender Stückzahl auch effektiv nachkommen. Es gibt aber auch eine Kehrseite diese Vorzuges, welche man vor einem Besatz bedenken sollte. Ist der Teich zu klein und die Krebse vermehren sich ohne reguliert zu werden (von Mitbewohnern wie Fischen, welche die Jungkrebse konsumieren oder dem Teichbesitzer durch Fang und Entnahme), können sie ein Gewässer richtiggehend leer fressen. Es bleibt dann keine Vegetation über und die Krebse können sich ihre eigene Lebensgrundlage und die der anderen Teichbewohner zerstören.

Man muss daher rechtzeitig eingreifen und die Bestandesdichte durch Fang verringern. Ein Parameter, an welchem man ein Überhandnehmen der Krebse erkennen kann, ist das rapide Schwinden der Wasserpflanzen. Als erste Frühwarnung kann auch ein restloses Verschwinden der Wasserschnecken verzeichnet werden.

So nützlich Flusskrebse in einem Freigewässer sind, in kleinen Teichen können sie zu einem Problem werden und diese Lebensgemeinschaften empfindlich stören, ja sogar nachhaltig schädigen oder zerstören. Wenn man Flusskrebse in Gartenteiche einsetzt, sollte man sich im Klaren sein, dass man vielleicht eines Tages regelnd in die Population eingreifen muss.

Biotope

Gartenbiotope sollen eine große Artenvielfalt aufweisen und als Rückzugs- und Brutgebiet für viele aquatische Pflanzen und Tiere dienen, im Besondern für unsere gefährdeten Amphibien, viele Insektenarten wie Libellen und auch bedrohte Sumpf- und Wasserpflanzen. Nebenbei können sie eine sogenannte Trittsteinfunktion erfüllen, um Lebewesen, welche keinen sehr großen Aktionsradius haben, in unserer ausgeräumten Landschaft wieder Lebensraum und Ausbreitungsmöglichkeiten zu bieten. In einem klassischen Gartenbiotop, welches diesen ökologischen Ansprüchen entsprechen

soll, finden sich keine Fische. Auch Flusskrebse haben aus den oben angeführten Gründen in diesen Biotopen absolut nichts verloren. Die meisten
der Lebewesen, die dort eine Heimstatt finden sollen, stehen auf dem Speisezettel der Flusskrebse. Es wäre also gegen die Idee eines kleinen Feuchtraumbiotops im Garten, dort auch Flusskrebse unterzubringen. Im Interesse einer artenreichen Lebensgemeinschaft sollte man nicht riskieren, wegen
einer zusätzlichen Art die Vielfalt an Lebewesen in diesen Kleingewässern
zu gefährden oder zu zerstören. Oft werden Gartenteiche zu Unrecht als
Biotope bezeichnet, obwohl sie von Goldfischen, Kois oder anderen Großfischen besiedelt werden. Man sollte sie besser als Gartenfischteiche bezeich-
nen. In diesem Fall ist ein zusätzlicher Flusskrebsbesatz mit den richtigen Arten aus Naturschutzsicht völlig unbedenklich, weil Fische die ökologische
Funktion eines solchen Feuchtraumbiotops sowieso schon massiv stören.

Literaturverzeichnis

ALBRECHT, H. (1983): Besiedlungsgeschichte und ursprüngliche holozäne Verbreitung der europäischen Flusskrebse. Spixiana 6,1: 61 77, München.

BOTT, R. (1950): Die Flusskrebse Europas (*Decapoda: Astacidae*). *Abhandlungen der Senckenbergischen Naturforschenden Gesellschaft*, No. 483.

EDER, E. & W. HÖDL, (EDS.), (1998): Flusskrebse Österreichs. Stapfia 58, zugleich Kataloge des Ö. Landesmuseums, Neue Folge Nr. 137.

HAGER, J. (1996): Edelkrebse. Graz-Stuttgart.

HOBBS, H. H., JR., & A. VILLALOBOS (1964): Los Cambarinos de Cuba. *Anales del Instituto de Biología de la Universidad Nacional Autonoma de México*.

HOBBS, H. H., JR. (1981): The crayfishes of Georgia. Smithsonian Contributions to Zoology 318:1-549.

HOBBS, H. H., JR. (1988). Crayfish distribution, adaptive radiation and evolution. Pp. 52-82 in D.M. Holdich and R.S. Lowery (eds), Freshwater crayfish: biology, management and exploitation. Portland.

HOBBS, H. H. JR. (1989): An illustrated checklist of the American crayfishes (*Decapoda: Astacidae, Cambaridae, and Parastacidae*). Smithsonian Contributions to Zoology No. 480.

HOFFMANN, J. (1980): Die Flusskrebse. Hamburg.

HOLTHUIS, L. B. (1986): The freshwater crayfish of New Guinea. Freshwater Crayfish 6: 48-58.

HOLTHUIS, L. B. (1956): Contributions to New Guinea Carsinology.

HOLTHUIS, L. B. (1958): The Freshwater Crayfish in Netherlands New Guinea Mountains.

HOLTHUIS, L. B. (1950): The Crustacea Decapoda Macura collected by the Archbold New Guinea Expeditions.

HONSIG-ERLENBURG, W. & PETUTSCHNIG, W. (2002): Fische, Neunaugen, Flusskrebse, Großmuscheln. Sonderreihe Natur Kärnten Band 1, Naturwissenschaftlicher Verein für Kärnten, Klagenfurt.

HUXLEY, T. H. (1880): The Crayfish: An introduction to the study of Zoology. D. Appleton, New York.

JARA SENN, C. G. (1999): Camarones dulceacuicolas en Chile. Übersetzung aus dem Spanischen und Ergänzungen von Reinhard Pekny.

JONES, C. M. (1995): Effect of temperature on growth and survival of the tropical freshwater cayfish *Cherax quadricarinatus* (von Martens) (Decapoda, Parastacidae). Freshwater Crayfish 8: 391-398.

JONES, P., AUSTIN, C. & MITCHELL, B. (1995): Growth and survival of juvenile *Cherax albidus* Clark cultured intensively on natural and formulated diets. Freshwater Crayfish 10: 480-493

JONES, D. & MORGAN, G. (1994): A field guide to Crustaceans of Australian Waters, Sydney.

KAESTNER, A. (1993): Lehrbuch der Speziellen Zoologie, Band I: Wirbellose Tiere, 4. Teil: Arthopoda (ohne Insecta). Stuttgart.

LUKHAUP, C. (2003): Süßwasserkrebse aus aller Welt. Ettlingen.

MERRICK, J. R. (1993): Freshwater crayfishes of New South Wales. Linnean Society of New South Wales, Milson's Point, N.S.W.

OIDTMANN, B. (1998): Die Krebspest; Stapfia 58, S. 187 ff, zugleich Kataloge des Ö. Landesmuseums, Neue Folge Nr. 137.

ORTMANN A. E.(1905A): The mutual affinities of the species of the genus *Cambarus*, and their dispersal over the United States. *Proceedings of the American Philosophical Society*, 4(180): 91-136, plate III.

PEKNY, R. & PÖCKL, M. (2000): Flusskrebse und Süßwassergarnelen (*Decapoda: Mysidacea*) 1. Fassung 1999. In: Rote Listen ausgewählter Tiergruppen Niederösterreichs. Amt der NÖ Landesregierung, St. Pölten, S. 34-76.

PEKNY, R. & PÖCKL, M. (2002): Interaction between native and alien species of crayfish in Austria: Case Studies. Bulla. Fr. Pêche Piscic. (2002) 367 : 1-14.

PETUTSCHNIG, J. (2001): Flusskrebsvorkommen in Kärnten. Jahrbuch des Landesmuseums für Kärnten, Klagenfurt.

PFLIEGER, W. L. (1987): An introduction to the crayfishes of Missouri. Missouri Conservationist 48:17-31.

RUDOLPH, E. & ALMEIDA, A. (2000): On the sexuality of South American Parastacidae (*Crustacea: Decapoda*) Invertebrate Reproduction and Development 37: 249-257.

RIEGEL, J. A. (1959): The systematics and distribution of crayfishes in California. *California Fish and Game*, 45(1): 29-50, 10 figures.

RIEK, E. F. (1967): The freshwater crayfish of Western Australia (*Decapoda: Parastacidae*). *Australian Journal of Zoology* 15:103-121.

RIEK, E. F. (1969): The Australian freshwater crayfish (*Crustacea: Decapoda: Parastacidae*), with descriptions of new species. Australian Journal of Zoology 17:855-918.

RIEK, E. F. (1972): The phylogeny of the parastacidae (*Crustacea: Astacoidea*), and description of a new genus of Australian freshwater crayfishes. *Australian Journal of Zoology* 20:369-389.

RUDOLPH, E. (1995): Partial protandric hermaphroditism in the burrowing crayfish *Parastacus nicoletti* (Philippi, 1882) (*Decapoda, Parastacidae*). – Journal of crustacean biology, 15 (4): 720-732, 1995.

RUDOLPH, E. (1999): Intersexuality in the freshwater crayfish *Samastacus spinifrons* (Philippi, 1882) (*Decapoda, Parastacidae*). – Crustaceana 72,3 1999.

RUDOLPH, E. & ALMEIDA, A. (2000): On the sexuality of South American Parastacide (*Crustacea: Decapoda*). Invertebrate Reproduction and Development, 37: 3 249-257.

SCHÄPERCLAUS, W. (1990): Fischkrankheiten. 5., bearbeitete Auflage. Berlin.

STAROBOGATOV, YA. I. (1995). Taxonomy and geographical distribution of crayfishes of Asia and East Europe (*Crustacea: Decapoda, Astacoidia*). Arthropoda Selecta 4(3/4): 3-25.

TAYLOR, C. A., WARREN, M. L. JR., FITZPATRICK, J. F. JR., HOBBS, H. H. III., JEZERINAC, R. F., PFLIEGER, W. L. & ROBISON, H.W. (1996): Conservation status of crayfish of the United States and Canada. Fisheries 21(4):25-38.

VILLALOBOS, A. (1955): Cambarinos de la fauna mexicana. Thesis, Facultad de Ciencias. Universidad Nacional Autónoma de México.

Glossar

Abdomen	Hinterleib der Arthropoden (Gliederfüßer)
adult	erwachsen, geschlechtsreif
allochthon	nicht bodenständig, nicht einheimischen Ursprungs
Antenne	grosser Fühler der Gliederfüßer.
Antennula	kleine Fühler der Gliederfüßer, bei Flusskrebsen zweiästig.
astatisch	Gewässer, welche nur vorübergehend Wasser führen und immer wieder austrocknen
authochton	bodenständig, einheimisch, ursprünglich im Gebiet vorhanden
Befruchtung	die Spermien dringen in die Eizelle ein und vereinigen sich mit ihr
Begattung	Sperma oder Spermatophoren werden auf das Weibchen übertragen
Carapax	Rückenschild, beim Flusskrebs wird das Kopfbruststück dorsal und lateral umfasst
carnivor	fleischfressend
Cephalon	Kopfstück
Cephalothorax	Kopfbruststück, wobei der Kopf und das Bruststück verwachsen sind; bei Flusskrebsen vom Carapax umgeben
Cervikalfurche	Vertiefung im Rückenpanzer welche die Grenze zwischen Kopfstück und Bruststück andeutet
Chimney	Krebshügel, ähnlich einem Maulwurfshügel, welcher von bodenlebenden Flusskrebsen aufgeschüttet wird
Ciliaten	Wimpertierchen, Einzeller
Coxa	körpernächstes Segment des Krebsbeines
Crustaceen	Krebstiere
Detritus	Gesamtheit der überwiegend aus Organismensresten bestehenden Schweb- und Sinkstoffe in Gewässern
disjunkt	verstreut, auf Vorkommen bezogen, die so weit auseinander liegen das ein genetischer Austausch nicht möglich ist
Dorsal	zum Rücken gehörend; zum Rücken hin gelegen, den Rücken betreffend
Ecdysis	Häutung der Arthropoda, wobei das starre Aussenskelett abgestreift wird um einer neuen Aussenhaut Platz zu machen und Wachstum zu ermöglichen
emers	über Wasser wachsende Pflanzen oder Pflanzenteile
endemisch	nur in einem natürlich abgegrenzten Gebiet vorkommend
Epithelium	oberste Zellschicht der Haut
Exoskelett	starres Außenskelett, z.B. der Insekten oder Krebstiere
Exuvie, Exuvia	abgestreifte leere Körperhülle, z.B. leererPanzer der Krebse nach der Häutung
Farbmorphe	andersfarbige Variante der selben Tierart
Funiculus	bei Krebsen jener kleine Faden, an welchen das Ei mit dem Schwimmbeinchen der Mutter verbunden ist
Gastrolith	Magenstein, dient als Kalkspeicherung vor der Häutung, auch Krebsauge genannt

Gonopoden	Befruchtungsbeinchen der Männchen; die ersten beiden Beinpaare des Hinterleibes sind zu diesen speziellen Beinchen umgeformt
Gonoporen	Geschlechtsöffnung der Krebse an der Coxa (erstes Beinsegment) der Schreitbeine; bei Weibchen am dritten Beinpaar, bei Männchen am fünften Beinpaar Mündung der Samen – beziehungsweise Eileiter
Haemolymphe	Körperflüssigkeit ohne Trennung von Blut und Lymphe
Hepatopankreas	Verdauungsdrüse, die so genannte Leber vieler Wirbelloser
herbivor	pflanzenfressend
Hyphe	Pilzfaden; fadenförmige, oft zellig gegliederte Grundstruktur der Pilze
Ischium	drittes Segment des Krebsbeines; mit zweitem Segment (Basis) ohne Gelenk verwachsen
juvinil	jugendlich, noch nicht ausgewachsen und geschlechtsreif
Kommensale	der „Tischgenosse"; Lebewesen, welche an der Nahrung anderer mit fressen oder von deren Resten profitieren, aber ohne diesen zu schaden
lateral	seitlich
Makrophyten	ein mit dem bloßen Auge sichtbarer pflanzlicher Organismus
Mandibel	Extremität des 4ten Körpersegmentes (Kopfstück); Mundwerkzeug, bildet die stark verkalkte Kaulade
Maxillen	Extremitäten des fünften und sechsten Körpersegmentes; erzeugen Atemwasserstrom und bilden Schutzklappe für die Kiemenkammer
Merus	viertes Segment des Schreitbeines
monotypisch	wenn nur eine Art (Spezies) einer eigenen Gattung vorhanden ist
Mortalität	Sterblichkeit
Mycel	Pilzgeflecht
omnipresent	allgegenwärtig, überall vorhanden
omnivor	Allesfresser
Parthenogenese	Jungfernzeugung; Vermehrung, ohne das Männchen daran beteiligt sind
Pleon	Hinterleib
potandrischer Herm-aphrodismus	Im Verlaufe des Lebens ändern die Tiere ihr Geschlecht von Männchen auf Weibchen
Sailinität	Salzgehalt des Wassers
Spermatophore	Spermahülle, um die Samenzellen in geschützter Umhüllung an das Weibchen über geben zu können; bei Flusskrebsen stäbchenförmige, weiße Gebilde
Statolyth	Schweresteinchen; dient im Gleichgewichtsorgan als Auslöser der Raumlageempfin dung
submers	unter Wasser wachsend
Symbiont	Lebewesen welches in Symbiose lebt

Symbiose	Zusammenleben von Lebewesen verschiedener Arten wobei alle Vorteile aus dieser Gemeinschaft haben
sympatrisch	gemeinsames Vorkommen zweier Arten in einem Lebensraum
Taxonomie	beschreibt und benennt Lebewesen und ordnet sie nach ihrem Verwandtschaftsgrad zu natürlichen Gruppen in ein System (z B Systematik des Tierreiches)
Telson	letztes abdominales Segment, Schwanzplatte der Krebstiere
Telsonfaden	mit dem Telsonfaden ist die Krebslarve nach dem Schlupf mit der Eihülle und somit mit dem Muttertier verbunden und kann nicht weggespült werden; nur bei den Fluss krebsen zu finden!
Thorakopoden	Extremitäten des Bruststückes
Thorax	Bruststück
Uropoden	letzte Beinchen des Abdomens; bilden mit dem Telson den Schwanzfächer
ventral	bauchseitig, zum Bauch gehörend